マクスウェル方程式で学ぶ 電磁気学入門

竹川 敦 著

裳華房

Electromagnetism

by

Learning in Maxwell's Equations

by

Atsushi TAKEKAWA

SHOKABO

TOKYO

JCOPY 〈出版者著作権管理機構 委託出版物〉

は じ め に

　普段私たちは，テレビ，エアコンやスマホなど，電気・電子機器や通信機器に囲まれて生活をしています．また，太陽からの光も電磁波の一種ですし，私たちは電子同士の電磁気力をもとにして地面に立っています．そもそも私たちの生命活動自体も，神経における電気信号の伝達を通じて維持されています．このように，身のまわりにあふれている電磁気現象を扱うのが電磁気学です．

　電磁気学は，物理学をはじめ，すべての自然科学の基礎となる学問です．そのため，宇宙物理学，素粒子物理学，物性物理学，工学，半導体工学，ロボット工学，情報通信工学といった理工系分野はいうまでもなく，化学系，生物系や医療系の分野など，非常に多岐にわたって電磁気現象は出てくるため，電磁気学を理解することがとても重要になっています．

　この電磁気学は，マクスウェル方程式とよばれる基本法則からすべての電磁気現象を説明できるという，非常にシンプルで美しい学問体系をしています．そのため電磁気学を修得すれば，将来皆さんが出会うことになる電磁気現象がどれだけ複雑なものであっても，基本的な式をもとにして自力で考えることができるようになります．

　そのために最も必要なことは，<u>これまでに学習してきたさまざまな電磁気現象を，ひとつずつ自力でマクスウェル方程式から理解していくこと</u>です．これはエベレストを自力で一歩一歩登っていくかのように，偉大且つ大変な行為ですが，理解が進むにつれて，だんだんと視界が開けていくような感覚が得られるでしょう．

　本書は，そのためのテキストです．初学者向けの入門書であるため，徹底的にわかりやすさを重視し，その本質となる初歩的な内容だけに話題を絞り込みました．そして，予備知識がなくても読み進めることができるように，必要となる大学レベルの数学まで含めて，できる限りていねいに解説をしました．本書で説明しきれていない項目に関しては，東京大学名誉教授の小宮山 進先生との拙共著『マクスウェル方程式から始める 電磁気学』や，『ファインマン物理学』の３，４巻，そして裳華房のホームページに載せた本書の補足事項で学習をしていただけるとよいでしょう．

　本書を通じて，電磁気学の初歩を修得していただけたら，これ以上の喜びはありません．

～ 謝辞 ～

　本書を執筆するにあたっては，生嶋健司氏(東京農工大学教授)，太田信頼氏，加藤雄介氏，国場敦夫氏(東京大学教授)，窪田健一氏，小宮山 進氏(東京大学名誉教授)，清水 明氏(東京大学名誉教授)，多田 司氏，福島孝治氏(東京大学教授)，寶迫 巌氏(国立研究開発法人情報通信研究機構)，松田祐司氏(京都大学教授)，山本裕康氏，吉川雄飛氏をはじめ，非常に多くの方々にご助言やアドバイスをいただきました．また，企画や編集においては，裳華房編集部の小野達也氏からご助言を多くいただきました．ここに深くお礼を申し上げます．なお，本書の内容に誤りがある場合には，筆者個人の責任です．

　最後に，家族・親族である竹川昭文，竹川良一，竹川瑠美子，竹川真理からの原稿に対する助言に感謝します．

　　2022 年 10 月

　　　　　　　　　　　　　　　　　　　　　　　　　　竹川　敦

目　　次

Prologue ― 電磁気学に必要な数学 ―

Chapter ― 電磁気学 ―

①　マクスウェル方程式

②　一般的な導出事項

③　静 電 気 (1)

Prologue

— 電磁気学に必要な数学 —

電磁気学に必要な数学(1)

すべての電磁気現象を説明するマクスウェル方程式は，ベクトルや微分を用いて表されます．本章では，これらの数学を1つずつていねいに解説していきます．P1-1節でベクトルとスカラー，P1-2節では微分，P1-3節では積分について解説します．数学に自信がある人は，第1章から読み始めても構いません．

P1-1 ベクトルとスカラー

◆ ベクトルとスカラー

ベクトルとは向きと大きさをもつ矢印のことで，$\vec{A}$, $\vec{B}$, $\vec{C}$ や，$\boldsymbol{A}$, $\boldsymbol{B}$, $\boldsymbol{C}$ といった文字で表します．本書では，$\vec{A}$, $\vec{B}$, $\vec{C}$ のように文字の上に矢印を付けて表すことにします．

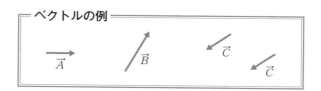

ベクトルは，向きが違っても大きさが違っても違うものになりますが，向きと大きさが同じならば，平行移動は自由にしても構いません（$\vec{C}$ を参照）．

x, y, z 軸のような直交する座標軸でベクトル $\vec{A}$ の成分を表す際には，

$$\vec{A} = (A_x, A_y, A_z)$$

とします．このとき，その大きさは

$$|\vec{A}| = A = \sqrt{A_x{}^2 + A_y{}^2 + A_z{}^2}$$

となります．

矢印の始点（出発点）を固定したベクトルを位置ベクトルといいます．本書では，位置ベクトルを $\vec{r} = (x, y, z)$ と表すことにします．また，数のことをスカラーといいます．

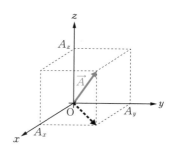

◆ 単位ベクトルと法線ベクトル

大きさ1のベクトルを単位ベクトル，注目した面に垂直なベクトルを法線ベクトル，大きさ1の法線ベクトルを単位法線ベクトルといいます．単位法線ベクトルは，一般に $\vec{n}$ という文字を使って表します．

物理では，面の「表」と「裏」は単位法線ベクトル $\vec{n}$ を用いて指定するのが一般的で，図のように矢印の先の方が「表」を意味します．

◆ 場

たとえば部屋に吹く風は，この点（場所）では西向きに 1.2 cm/s，あの点では北東向きに 1.5 cm/s というように，空間の各点（つまり，そこらじゅう）で向きと大きさをもちます．

部屋の温度も，この点では 25.2 ℃，あの点では 25.4 ℃というように，空間の各点で値をもっています．このような，各点が性質をもっている空間のことを場といいます．

風の分布のように，各点でベクトルが存在する空間のことをベクトル場といい，温度分布のように，各点でスカラーが存在する空間のことをスカラー場といいます．

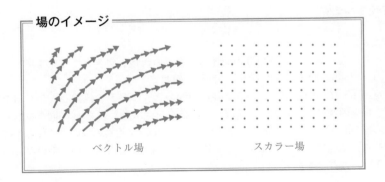

ベクトル場とスカラー場は，ともに「どの位置か」という位置ベクトル $\vec{r} = (x, y, z)$ によっても値が変わりますし，「どの時刻か」という時刻 t によっても値が変わります．そのため，ベクトル場を $\vec{h}$，スカラー場を T と表すと，それぞれ $\vec{h} = \vec{h}(\vec{r}, t)$，$T = T(\vec{r}, t)$ と表すことができます．

◆ 内積と外積

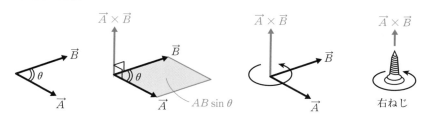

ベクトル $\vec{A} = (A_x, A_y, A_z)$, $\vec{B} = (B_x, B_y, B_z)$ の**内積**は, 図形的には, $\vec{A}$, $\vec{B}$ の大きさ A, B と, $\vec{A}$ と $\vec{B}$ のなす角度 θ を用いて

$$\vec{A}\cdot\vec{B} = AB\cos\theta \tag{P1.1}$$

と定義され, 成分としては,

$$\vec{A}\cdot\vec{B} = A_xB_x + A_yB_y + A_zB_z \tag{P1.2}$$

と定義されます.

また, ベクトル $\vec{A}$, $\vec{B}$ の**外積**は, 図形的には

$$\begin{cases} \text{向き} \quad \vec{A} \text{ から } \vec{B} \text{ へと右ねじを回したときに, ねじが進む向き} \\ \text{大きさ} \quad AB\sin\theta \quad (\theta : \vec{A} \text{ と } \vec{B} \text{ のなす角度, } 0 \leqq \theta \leqq \pi) \end{cases} \tag{P1.3}$$

と定義され, 成分としては,

$$\vec{A}\times\vec{B} = (A_yB_z - A_zB_y, A_zB_x - A_xB_z, A_xB_y - A_yB_x) \tag{P1.4}$$

と定義されます.

✏️ コメント

　右ねじの回る向きと進む向きの関係は, 右手の親指を突き立てて4本指を握ったときの, 4本指の向きと親指の向きの関係と同じです.

　また, $\vec{A}\times\vec{B}$ の向きは, 右から2番目の図のように左手の親指と人差し指を伸ばして中指を内側に向けるように曲げて, 中指を $\vec{A}$, 人差し指を $\vec{B}$ の向きにしたときの, 親指の向きという言い方もできます. さらには, 1番右の図のように右手の4本指をそろえて広げて, 親指を $\vec{A}$, 4本指を $\vec{B}$ の向きにしたときの, 手のひらの向きという言い方もできます.

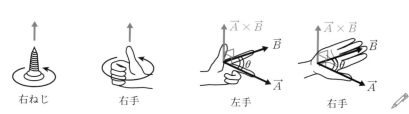

P1-2 微 分

◆ 微分と偏微分

$f = f(x)$ において，x についての微分は次のように定義されます．

$$\frac{df}{dx} = \lim_{\Delta x \to 0} \frac{f(x + \Delta x) - f(x)}{\Delta x}$$

ここで，Δx は「x の変化量」という意味で，$\lim\limits_{\Delta x \to 0}$ は「Δx を限りなくゼロに近づける」という意味です．

また，$f = f(x, y, z)$ において，x，y，z についての偏微分はそれぞれ次のように定義されます．

$$\begin{cases} x \text{ についての偏微分} \quad \dfrac{\partial f}{\partial x} = \lim_{\Delta x \to 0} \dfrac{f(x + \Delta x, y, z) - f(x, y, z)}{\Delta x} \\[3mm] y \text{ についての偏微分} \quad \dfrac{\partial f}{\partial y} = \lim_{\Delta y \to 0} \dfrac{f(x, y + \Delta y, z) - f(x, y, z)}{\Delta y} \\[3mm] z \text{ についての偏微分} \quad \dfrac{\partial f}{\partial z} = \lim_{\Delta z \to 0} \dfrac{f(x, y, z + \Delta z) - f(x, y, z)}{\Delta z} \end{cases}$$

これは要するに「他の変数は定数として扱って微分を行う」という意味です．

[例題 P1-1]

次の関数 $f = f(x, y, z)$ について，$\dfrac{\partial f}{\partial x}$，$\dfrac{\partial f}{\partial y}$，$\dfrac{\partial f}{\partial z}$ をそれぞれ計算しなさい．

(1) $f = 5x^2yz^3 - 6xz + 4y + 8$　　　　(2) $f = 6z^3 - 4\sin x + 4xy + 5y^2$

[解]

(1) $\dfrac{\partial f}{\partial x} = 10xyz^3 - 6z, \qquad \dfrac{\partial f}{\partial y} = 5x^2z^3 + 4, \qquad \dfrac{\partial f}{\partial z} = 15x^2yz^2 - 6x$

(2) $\dfrac{\partial f}{\partial x} = -4\cos x + 4y, \qquad \dfrac{\partial f}{\partial y} = 4x + 10y, \qquad \dfrac{\partial f}{\partial z} = 18z^2$

また，$f = f(x, y, z)$ において，x，y についての2階の偏微分は次のように定義されます．

$$\begin{cases} \dfrac{\partial^2 f}{\partial x\,\partial y} = \dfrac{\partial}{\partial x}\left(\dfrac{\partial f}{\partial y}\right) & \begin{array}{l} y \text{ で偏微分した } f \text{ を，} \\ \text{さらに } x \text{ で偏微分する．} \end{array} \\[3mm] \dfrac{\partial^2 f}{\partial y\,\partial x} = \dfrac{\partial}{\partial y}\left(\dfrac{\partial f}{\partial x}\right) & \begin{array}{l} x \text{ で偏微分した } f \text{ を，} \\ \text{さらに } y \text{ で偏微分する．} \end{array} \end{cases}$$

x，z 及び y，z についての2階の偏微分の定義も同様です．

◆ 微分の線形性

「微分をする」という計算には次の①，②の性質があり，このことを微分は「線形性をもつ」といいます．

微分の線形性

$x = x(t)$, $y = y(t)$, a：定数　として

① $\dfrac{d}{dt}(ax) = a\dfrac{dx}{dt}$ （← 定数を前に出せる．）

② $\dfrac{d}{dt}(x + y) = \dfrac{dx}{dt} + \dfrac{dy}{dt}$ （← たし算をばらせる．）

✏️ コメント

この性質は，決してあたりまえのものではありません．

たとえば「絶対値をとる」という計算は

$$① \quad |ax| = a|x| \qquad ② \quad |x + y| = |x| + |y|$$

とはなりません．①は a が負なら $|ax| = -a|x|$ となりますし，②は x と y の符号が逆なら成り立ちません．たとえば $x = 5$, $y = -3$ なら $|5 + (-3)| \neq |5| + |-3|$ となってしまいます．同様に，「2乗をする」という計算も

$$① \quad (ax)^2 = ax^2 \qquad ② \quad (x + y)^2 = x^2 + y^2$$

とはなりません．①は $(ax)^2 = a^2x^2$ となりますし，②は $(x + y)^2 = x^2 + y^2 + 2xy$ となってしまいます．また，「ルートをとる」という計算も

$$① \quad \sqrt{ax} = a\sqrt{x} \qquad ② \quad \sqrt{x + y} = \sqrt{x} + \sqrt{y}$$

とはなりません．①は $\sqrt{ax} = \sqrt{a}\sqrt{x}$ となりますし，②はたとえば $x = 3$, $y = 1$ なら $\sqrt{3 + 1} \neq \sqrt{3} + \sqrt{1}$ となってしまいます．

こうして考えると，この①，②は特殊な性質であることがわかります．✏️

◆ 微分等式

本書では，$f = f(x, y, z)$ において，微分に関する次の2つの数学の等式が成り立つとして話を進め，**微分等式**①，②と表すことにします．

微分等式①

$\Delta f(x, y, z) = f(x + \Delta x, y + \Delta y, z + \Delta z) - f(x, y, z)$ について，

$\Delta x \to 0$, $\Delta y \to 0$, $\Delta z \to 0$ として，次の等式が成り立つ．

$$\Delta f(x, y, z) = \frac{\partial f}{\partial x}\Delta x + \frac{\partial f}{\partial y}\Delta y + \frac{\partial f}{\partial z}\Delta z$$

🖋 コメント

(P1.5)は，より厳密には，Δx, Δy, Δz をすべてゼロに近づけるとゼロになる項 $o(\sqrt{(\Delta x)^2 + (\Delta y)^2 + (\Delta z)^2})$（$o$ はスモールオーダーゼロとよびます）を加えて，

$$\Delta f(x, y, z) = \frac{\partial f}{\partial x}\Delta x + \frac{\partial f}{\partial y}\Delta y + \frac{\partial f}{\partial z}\Delta z + o(\sqrt{(\Delta x)^2 + (\Delta y)^2 + (\Delta z)^2})$$

と書くべきではありますが，実際に議論をする際には Δx, Δy, Δz を結局ゼロにすることが非常に多いため，あらかじめ省略して

$$\Delta f(x, y, z) = \frac{\partial f}{\partial x}\Delta x + \frac{\partial f}{\partial y}\Delta y + \frac{\partial f}{\partial z}\Delta z$$

と書いています．物理では，よくこのような表し方をします． 🖋

微分等式②

$$\frac{\partial^2 f}{\partial x\,\partial y} = \frac{\partial^2 f}{\partial y\,\partial x} \tag{P1.6}$$

🖋 コメント

この定理の成立条件は，$\dfrac{\partial^2 f}{\partial x\,\partial y}$, $\dfrac{\partial^2 f}{\partial y\,\partial x}$ がそれぞれ存在し，且つ連続なことですが，初等的な電磁気学では，この成立条件を満たすような f のみを扱います．したがって本書では，この等式がすべて成り立つとします．なお，この等式は変数を時刻 t と位置 x とした場合でも成り立ちます． 🖋

[例題 P1-2]

次の関数 $f = f(x, y, z)$ について，$\dfrac{\partial^2 f}{\partial x\,\partial y}$ と $\dfrac{\partial^2 f}{\partial y\,\partial x}$ をそれぞれ計算しなさい．

(1)　$f = 5x^2yz^3 - 6xz + 4y + 8$　　　(2)　$f = 6z^3 - 4\sin x + 4xy + 5y^2$

[解]

(1)　$\dfrac{\partial f}{\partial y} = 5x^2z^3 + 4$ より，$\dfrac{\partial^2 f}{\partial x\,\partial y} = \dfrac{\partial}{\partial x}(5x^2z^3 + 4) = 10xz^3$

　　　$\dfrac{\partial f}{\partial x} = 10xyz^3 - 6z$ より，$\dfrac{\partial^2 f}{\partial y\,\partial x} = \dfrac{\partial}{\partial y}(10xyz^3 - 6z) = 10xz^3$

(2)　$\dfrac{\partial f}{\partial y} = 4x + 10y$ より，$\dfrac{\partial^2 f}{\partial x\,\partial y} = \dfrac{\partial}{\partial x}(4x + 10y) = 4$

　　　$\dfrac{\partial f}{\partial x} = -4\cos x + 4y$ より，$\dfrac{\partial^2 f}{\partial y\,\partial x} = \dfrac{\partial}{\partial y}(-4\cos x + 4y) = 4$　　🖋

確かに $\dfrac{\partial^2 f}{\partial x\,\partial y} = \dfrac{\partial^2 f}{\partial y\,\partial x}$ が成立

◆ グラディエント(gradient)

位置 x, y, z の関数であるスカラー T を x, y, z で偏微分して得られる3つの変数の組

$$\left(\frac{\partial T}{\partial x}, \frac{\partial T}{\partial y}, \frac{\partial T}{\partial z}\right)$$

はベクトルとなり,これを grad T と書き,**グラディエント T** と読みます.T の**勾配**とよばれることもあります.

$$\text{grad } T = \left(\frac{\partial T}{\partial x}, \frac{\partial T}{\partial y}, \frac{\partial T}{\partial z}\right)$$

これは**ナブラ**とよばれる

$$\vec{\nabla} = \left(\frac{\partial}{\partial x}, \frac{\partial}{\partial y}, \frac{\partial}{\partial z}\right)$$

で定義される量を用いると,

$$\text{grad } T = \left(\frac{\partial T}{\partial x}, \frac{\partial T}{\partial y}, \frac{\partial T}{\partial z}\right) = \left(\frac{\partial}{\partial x}, \frac{\partial}{\partial y}, \frac{\partial}{\partial z}\right) T = \vec{\nabla} T$$

と書くこともできます.下にまとめます.

ナブラ

$$\vec{\nabla} = \left(\frac{\partial}{\partial x}, \frac{\partial}{\partial y}, \frac{\partial}{\partial z}\right) \tag{P1.7}$$

グラディエント

スカラー T に対して,

$$\text{grad } T = \vec{\nabla} T = \left(\frac{\partial}{\partial x}, \frac{\partial}{\partial y}, \frac{\partial}{\partial z}\right) T$$
$$= \left(\frac{\partial T}{\partial x}, \frac{\partial T}{\partial y}, \frac{\partial T}{\partial z}\right) \tag{P1.8}$$

🖉 コメント

数や関数に対して行う操作(数学的な影響を与えること)を**演算**といい,演算を行うものを**演算子**といいます.たとえば,$+$,$-$,$\times$ や $\frac{d}{dt}$,$\vec{\nabla}$ が演算子です.演算子の中でも $\frac{d}{dt}$,$\vec{\nabla}$ は微分をする演算子という意味で,**微分演算子**といいます.なお,$\vec{\nabla}$ はベクトルのように振る舞うので,**ベクトル演算子**ともいいます.

[例題 P1-3]

次のスカラー場 $T = T(x, y, z)$ について，$\vec{\nabla}T$ を求めなさい．

(1) $T(x, y, z) = 4x$　　　　　　　　(2) $T(x, y, z) = 3y$

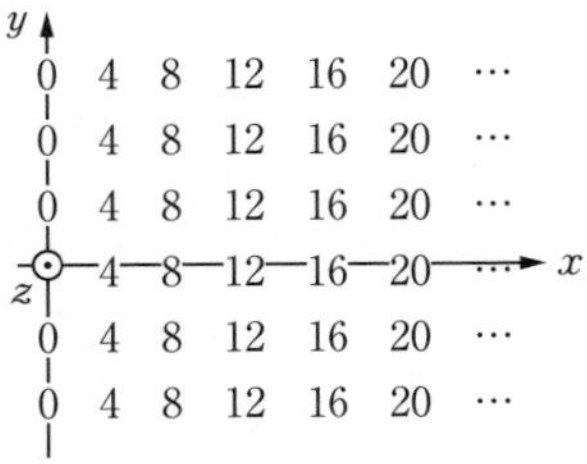

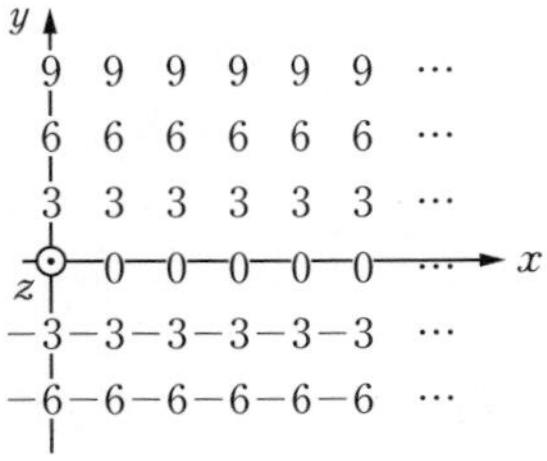

y 軸に沿った値の表：

左図（x軸方向 0, 4, 8, 12, 16, 20 ⋯）

```
y ↑
 0  4  8  12  16  20 ⋯
 0  4  8  12  16  20 ⋯
 0  4  8  12  16  20 ⋯
z⊙ 4─8─12─16─20 ⋯→ x
 0  4  8  12  16  20 ⋯
 0  4  8  12  16  20 ⋯
```

右図

```
y ↑
 9  9  9  9  9  9 ⋯
 6  6  6  6  6  6 ⋯
 3  3  3  3  3  3 ⋯
z⊙ 0─0─0─0─0 ⋯→ x
-3 -3 -3 -3 -3 -3 ⋯
-6 -6 -6 -6 -6 -6 ⋯
```

[解]

(1)　　　　　$\vec{\nabla}T = \left(\dfrac{\partial}{\partial x}(4x), \dfrac{\partial}{\partial y}(4x), \dfrac{\partial}{\partial z}(4x) \right) = (4, 0, 0)$

(2)　　　　　$\vec{\nabla}T = \left(\dfrac{\partial}{\partial x}(3y), \dfrac{\partial}{\partial y}(3y), \dfrac{\partial}{\partial z}(3y) \right) = (0, 3, 0)$

　(1)の答の $\vec{\nabla}T = (4, 0, 0)$ は，x 方向に一定の傾き 4 の勾配ができていることを表します．すなわち，x 方向に T の値が 4 ずつ大きくなることを意味します．また，(2)の答の $\vec{\nabla}T = (0, 3, 0)$ は，y 方向に一定の傾き 3 の勾配ができていることを表します．すなわち，y 方向に T の値が 3 ずつ大きくなることを意味します．

　これらの答から，$\vec{\nabla}T$ は次の意味をもつベクトルと考えることができます．

> **$\vec{\nabla}T$ の意味**
>
> 向　き：T が最も増加する向き
> 大きさ：T が最も増加する向きの，
> 　　　　その変化の割合の大きさ

✎ **コメント**

　グラディエント記号「$\vec{\nabla}●$」の「$●$」にはスカラーが入り，ベクトルがくることはありません．そして，$\vec{\nabla}T$ 全体ではベクトルになります．

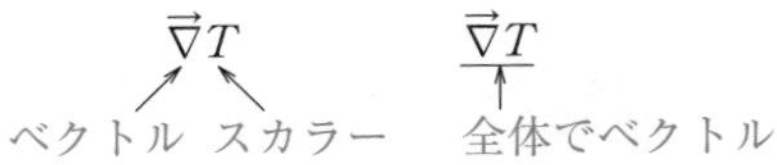

$$\underset{\text{ベクトル　スカラー}}{\vec{\nabla}T} \qquad \underset{\text{全体でベクトル}}{\vec{\nabla}T}$$

また，$\vec{\nabla}T$ を -1 倍した $-\vec{\nabla}T$ は，次の意味をもつベクトルと考えることができます．

┌─ $-\vec{\nabla}T$ の意味 ─────────────
│
│   向　き：T が最も減少する向き
│   大きさ：T が最も減少する向きの，
│　　　　　　その変化の割合の大きさ
└────────────────────────

$T = T(x, y)$ において T を山や谷の"高さ"とみなした場合は，「T が最も減少する向き」は，「高さが最も低くなる向き」であり，「ボールを置いたときに転がっていく向き」に対応します．また，「T が最も減少する向きの，その変化の割合の大きさ」は，「ボールを置いたときに転がっていく向きの，斜面の傾きの大きさ」に対応するので，ここからこの $-\vec{\nabla}T$ は，次の意味をもつベクトルと考えることができます．

┌─ $-\vec{\nabla}T$ の意味(T を"高さ"とみなしたとき) ──
│
│   向　き：ボールが転がる向き
│   大きさ：ボールが転がる向きの，傾きの大きさ
└────────────────────────

この T とベクトル $-\vec{\nabla}T$ のイメージを図で表すと，次のようになります．ボールの転がる向きが $-\vec{\nabla}T$ の向きになり，斜面の傾きが大きくなるほど，$-\vec{\nabla}T$ の大きさは大きくなっています．

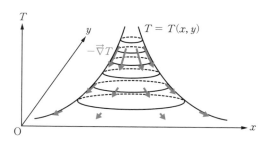

✎ コメント

$-\vec{\nabla}T$ の向きは，T を"温度"とみなしたときに，熱の流れる向きと考えることもできます．

◆ ダイバージェンス(divergence)

位置 x, y, z の関数であるベクトル $\vec{h} = (h_x, h_y, h_z)$ の各成分を x, y, z で偏微分してたし合わせた

$$\frac{\partial h_x}{\partial x} + \frac{\partial h_y}{\partial y} + \frac{\partial h_z}{\partial z}$$

はスカラーとなり、これを div $\vec{h}$ と書いて、**ダイバージェンス $\vec{h}$** と読みます。$\vec{h}$ の発散とよばれることもあります。

$$\mathrm{div}\,\vec{h} = \frac{\partial h_x}{\partial x} + \frac{\partial h_y}{\partial y} + \frac{\partial h_z}{\partial z}$$

これは(P1.2)の内積記号を用いると

$$\mathrm{div}\,\vec{h} = \left(\frac{\partial}{\partial x}, \frac{\partial}{\partial y}, \frac{\partial}{\partial z}\right) \cdot (h_x, h_y, h_z)$$

と同値変形ができるので、(P1.7)のナブラ

$$\vec{\nabla} = \left(\frac{\partial}{\partial x}, \frac{\partial}{\partial y}, \frac{\partial}{\partial z}\right)$$

を用いると、

$$\mathrm{div}\,\vec{h} = \left(\frac{\partial}{\partial x}, \frac{\partial}{\partial y}, \frac{\partial}{\partial z}\right) \cdot (h_x, h_y, h_z) = \vec{\nabla}\cdot\vec{h}$$

と表すこともできます。

ダイバージェンス

ベクトル $\vec{h} = (h_x, h_y, h_z)$ に対して、

$$\mathrm{div}\,\vec{h} = \vec{\nabla}\cdot\vec{h} = \left(\frac{\partial}{\partial x}, \frac{\partial}{\partial y}, \frac{\partial}{\partial z}\right) \cdot (h_x, h_y, h_z)$$

$$= \frac{\partial h_x}{\partial x} + \frac{\partial h_y}{\partial y} + \frac{\partial h_z}{\partial z}$$

(P1.9)

✐ コメント

ダイバージェンス記号「$\vec{\nabla}\cdot\bullet$」の「$\bullet$」にはベクトルが入り、スカラーがくることはありません(もちろん「$\bullet$」には「$3\vec{h}$」のような、はじめの3はスカラーではあるけれども、$3\vec{h}$ とまとめてみたらベクトルになるものは入ります)。そして、$\vec{\nabla}\cdot\vec{h}$ 全体ではスカラーになります。要するに、$\vec{\nabla}\cdot\vec{h}$ はベクトルの内積と同じ扱いをします。

$$\overset{\vec{\nabla}\cdot\vec{h}}{\underset{\text{ベクトル　ベクトル}}{}}\qquad\overset{\vec{\nabla}\cdot\vec{h}}{\underset{\text{全体でスカラー}}{}}$$

[例題 P1-4]

次のベクトル場 $\vec{h} = \vec{h}(x, y, z)$ について, $\vec{\nabla} \cdot \vec{h}$ を求めなさい. k は正の定数とします.

(1) $\vec{h}(x, y, z) = (kx, ky, kz)$ (2) $\vec{h}(x, y, z) = (-kx, -ky, -kz)$

(1)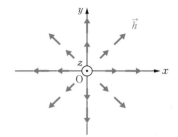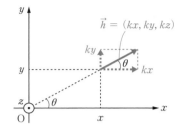

(2)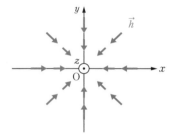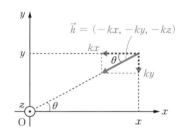

[解]

(1) $\quad \vec{\nabla} \cdot \vec{h} = \dfrac{\partial}{\partial x}(kx) + \dfrac{\partial}{\partial y}(ky) + \dfrac{\partial}{\partial z}(kz) = k + k + k = 3k$

(2) $\quad \vec{\nabla} \cdot \vec{h} = \dfrac{\partial}{\partial x}(-kx) + \dfrac{\partial}{\partial y}(-ky) + \dfrac{\partial}{\partial z}(-kz) = -k - k - k = -3k$

(1)の答のように, 湧き出す形をしているときのダイバージェンスは, 正の値になります. また, (2)の答のように, 吸い込む形をしているときのダイバージェンスは, 負の値になります.

これらの答からわかるように, ざっくり言って $\vec{\nabla} \cdot \vec{h}$ は次のような意味をもつスカラーと考えることができます.

> **── $\vec{\nabla} \cdot \vec{h}$ の意味 ──**
>
> 正:$\vec{h}$ が湧き出す形をしている場合
>
> 負:$\vec{h}$ が吸い込む形をしている場合

◆ ローテーション(rotation)

　位置 x, y, z の関数であるベクトル $\vec{h} = (h_x, h_y, h_z)$ の各成分を x, y, z で偏微分したものを組み合わせた

$$\left(\frac{\partial h_z}{\partial y} - \frac{\partial h_y}{\partial z}, \frac{\partial h_x}{\partial z} - \frac{\partial h_z}{\partial x}, \frac{\partial h_y}{\partial x} - \frac{\partial h_x}{\partial y} \right)$$

はベクトルとなり，これを rot $\vec{h}$ と書いて，ローテーション $\vec{h}$ と読みます．$\vec{h}$ の回転とよばれることもあります．

$$\text{rot}\,\vec{h} = \left(\frac{\partial h_z}{\partial y} - \frac{\partial h_y}{\partial z}, \frac{\partial h_x}{\partial z} - \frac{\partial h_z}{\partial x}, \frac{\partial h_y}{\partial x} - \frac{\partial h_x}{\partial y} \right)$$

　これは(P1.4)の外積記号を用いると

$$\text{rot}\,\vec{h} = \left(\frac{\partial}{\partial x}, \frac{\partial}{\partial y}, \frac{\partial}{\partial z} \right) \times (h_x, h_y, h_z)$$

と同値変形ができるので，(P1.7)のナブラ

$$\vec{\nabla} = \left(\frac{\partial}{\partial x}, \frac{\partial}{\partial y}, \frac{\partial}{\partial z} \right)$$

を用いると，

$$\text{rot}\,\vec{h} = \left(\frac{\partial}{\partial x}, \frac{\partial}{\partial y}, \frac{\partial}{\partial z} \right) \times (h_x, h_y, h_z) = \vec{\nabla} \times \vec{h}$$

と表すこともできます．

┌─ ローテーション ─

　　ベクトル $\vec{h} = (h_x, h_y, h_z)$ に対して，

$$\text{rot}\,\vec{h} = \vec{\nabla} \times \vec{h} = \left(\frac{\partial}{\partial x}, \frac{\partial}{\partial y}, \frac{\partial}{\partial z} \right) \times (h_x, h_y, h_z)$$

$$= \left(\frac{\partial h_z}{\partial y} - \frac{\partial h_y}{\partial z}, \frac{\partial h_x}{\partial z} - \frac{\partial h_z}{\partial x}, \frac{\partial h_y}{\partial x} - \frac{\partial h_x}{\partial y} \right)$$

(P1.10)

✐ コメント

　ローテーション記号「$\vec{\nabla} \times \bullet$」の「$\bullet$」にはベクトルが入り，スカラーがくることはありません（ダイバージェンスと同じく「$\bullet$」には「$3\vec{h}$」のような，はじめの 3 はスカラーではあるけれども，$3\vec{h}$ とまとめてみたらベクトルになるものは入ります）．そして，$\vec{\nabla} \times \vec{h}$ 全体ではベクトルになります．要するに，$\vec{\nabla} \times \vec{h}$ はベクトルの外積と同じ扱いをします．

$$\vec{\nabla} \times \vec{h} \qquad \underline{\vec{\nabla} \times \vec{h}}$$

ベクトル　ベクトル　　全体でベクトル

［例題 P1-5］

　次のベクトル場 $\vec{h} = \vec{h}(x,y,z)$ について，$\vec{\nabla}\times\vec{h}$ を求めなさい．k は正の定数とします．

(1)　$\vec{h}(x,y,z) = (-ky, kx, 0)$

(2)　$\vec{h}(x,y,z) = (ky, -kx, 0)$

(1)

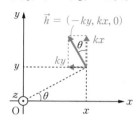

(2)

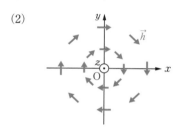

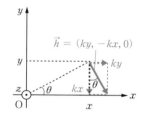

［解］

(1)　$\vec{\nabla}\times\vec{h} = \left(\dfrac{\partial 0}{\partial y} - \dfrac{\partial(kx)}{\partial z}, \dfrac{\partial(-ky)}{\partial z} - \dfrac{\partial 0}{\partial x}, \dfrac{\partial(kx)}{\partial x} - \dfrac{\partial(-ky)}{\partial y} \right) = (0,0,2k)$

(2)　$\vec{\nabla}\times\vec{h} = \left(\dfrac{\partial 0}{\partial y} - \dfrac{\partial(-kx)}{\partial z}, \dfrac{\partial(ky)}{\partial z} - \dfrac{\partial 0}{\partial x}, \dfrac{\partial(-kx)}{\partial x} - \dfrac{\partial(ky)}{\partial y} \right) = (0,0,-2k)$

　(1)の答のように，xy 平面上で(z 軸の正の向きから見て)反時計回りで回転している形をした場では，ローテーション $\vec{h}$ の向きは右ねじの進む向きである z 軸の正の向きになり，その大きさは回転の度合いを表します．

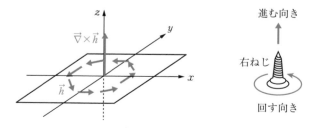

また，(2)の答のように，xy 平面上で(z 軸の正の向きから見て)時計回りで回転している形をした場でも，やはりローテーション $\vec{h}$ の向きは右ねじの進む向きである z 軸の負の向きになり，その大きさは回転の度合いを表します．

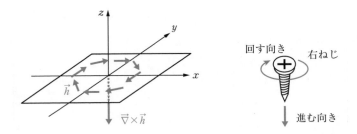

以上の答からわかるように，$\vec{\nabla} \times \vec{h}$ は次のような意味をもつベクトルと考えることができます．

┌ $\vec{\nabla} \times \vec{h}$ の意味

向　き：$\vec{h}$ が回転する向きに対して右ねじの進む向き

大きさ：$\vec{h}$ の回転の強さ

✏ コメント

$\vec{\nabla} \times \vec{h}$ は $\mathrm{curl}\,\vec{h}$ とよばれることもあります(カール $\vec{h}$ と読みます)．また，$\vec{h}$ の渦とよばれることもあります．

📖 参考

グラディエント($\vec{\nabla}$)はスカラー T に対する微分で，$\vec{\nabla}T$ 全体ではベクトルを表しました．また，ダイバージェンス($\vec{\nabla}\cdot$)はベクトル $\vec{h}$ に対する微分で，$\vec{\nabla}\cdot\vec{h}$ 全体ではスカラーを表しました．そして，ローテーション($\vec{\nabla}\times$)は，ベクトル $\vec{h}$ に対する微分で，$\vec{\nabla}\times\vec{h}$ 全体ではベクトルを表しました．これらのことを「何から何への微分か」という観点で表にまとめると，次のようになります．

	スカラーへの微分	ベクトルへの微分
スカラーから	微分や偏微分	grad($\vec{\nabla}$)
ベクトルから	div($\vec{\nabla}\cdot$)	rot($\vec{\nabla}\times$)

◆ grad，div，rot の線形性

微分演算子 $\vec{\nabla}$ を用いるグラディエント($\vec{\nabla}$)，ダイバージェンス($\vec{\nabla}\cdot$)，ローテーション($\vec{\nabla}\times$)は，次の①，②の関係式が成り立ちます．

grad，div，rot の線形性

$T = T(x, y, z)$, $\vec{h} = \vec{h}(x, y, z)$, a：定数　として

① 定数を前に出せる．

$$\vec{\nabla}(aT) = a\vec{\nabla}T$$
$$\vec{\nabla}\cdot(a\vec{h}) = a\vec{\nabla}\cdot\vec{h}$$
$$\vec{\nabla}\times(a\vec{h}) = a\vec{\nabla}\times h$$

② たし算をばらせる．

$$\vec{\nabla}(T_1 + T_2) = \vec{\nabla}T_1 + \vec{\nabla}T_2$$
$$\vec{\nabla}\cdot(\vec{h}_1 + \vec{h}_2) = \vec{\nabla}\cdot\vec{h}_1 + \vec{\nabla}\cdot\vec{h}_2$$
$$\vec{\nabla}\times(\vec{h}_1 + \vec{h}_2) = \vec{\nabla}\times\vec{h}_1 + \vec{\nabla}\times\vec{h}_2$$

この性質が成り立つことを，グラディエント，ダイバージェンス，ローテーションはそれぞれ線形性をもつといいます．なお，それぞれの証明は，単に成分で表して計算をするだけです（Appendix の問題 1-1 を参照）．

P1-3 積　分

◆ 閉曲面と閉曲線

平らな面を平面，曲がった面を曲面といい，曲面の中で，縁がなく，つながっているものを閉曲面といいます．たとえば，球面やサイコロの表面は閉曲面ですが，切りとったアルミホイルがつくる面は縁があるので閉曲面ではありません．

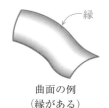

曲面の例
（縁がある）

閉曲面の例
（縁がない）

また，まっすぐな線を直線，曲がった線を曲線といい，曲線の中で，端がなく，つながっているものを閉曲線といいます.

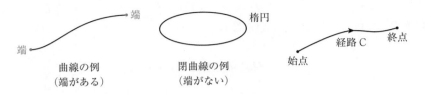

曲線の例　　　　　　閉曲線の例　　　　　　　始点 経路 C 終点
（端がある）　　　　 （端がない）

なお，本書で経路というときには，向きをもった線を意味することにします.また，経路のスタート地点を始点，ゴール地点を終点といい，経路には，Cといった文字を用いることが一般的です.

さて，向きをもった閉曲線を縁とするような面を考えるとき，その面の正の向き（表の向き）を表す単位法線ベクトル $\vec{n}$ と閉曲線の向きは，

$$\begin{cases} \text{閉曲線の向き} \quad\text{——} \quad\text{右ねじを回す向き} \\ \vec{n}\text{ の向き} \quad\text{————} \quad\text{右ねじの進む向き} \end{cases}$$

とするのが一般的です（右ねじの向きについては P1-1 節を参照して下さい）.

ここで例を紹介します.

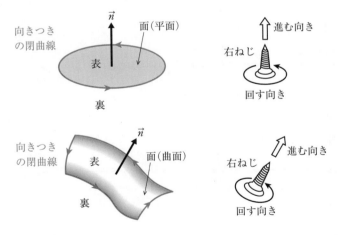

なお，たとえば球面のように，面が閉曲面の場合には，その正の向きを図のように外向きにとるのが一般的です.

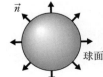

◆ 体積積分

体積積分（または体積分）とは，領域と領域内のスカラー場を用いて定義される量で，ざっくりいうと，スカラーの平均値と領域の体積をかけたものです．以下で，具体的な定義を見ていきましょう．

――― 体積積分をざっくりいうと ―――
スカラーの平均値 × 領域の体積

図のように領域 V を微小領域 $1, 2, \cdots, i, \cdots$ と非常に細かく分割します．このときの Point は次のとおりです．

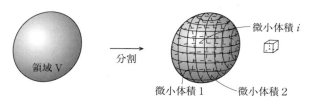

領域 V　分割　微小体積 i

微小体積 1　微小体積 2

― Point ―
各微小体積ではスカラーが一定値をとるとみなせるぐらいに，領域を細かく分割する．

微小面 $1, 2, \cdots, i, \cdots$ 上のスカラーを $T_1, T_2, \cdots, T_i, \cdots$，微小領域 $1, 2, \cdots, i, \cdots$ の体積を $\varDelta V_1, \varDelta V_2, \cdots, \varDelta V_i, \cdots$ で表したとき，面 S におけるスカラー T の体積積分の定義は次のようになります．

$$
\begin{aligned}
\text{体積積分} &= T_1 \varDelta V_1 + T_2 \varDelta V_2 + \cdots + T_i \varDelta V_i + \cdots \\
&= \lim_{N \to \infty} \sum_{i=1}^{N} T_i \varDelta V_i
\end{aligned}
\tag{P1.11}
$$

最後の $\sum_{i=1}^{N}$ は「1 から N までたす」という意味で，$\lim_{N \to \infty}$ は「分割の数 N を無限大に大きくする」という意味です．そして，これをまとめて表したのが，$\int_V T \, dV$ という積分記号です．

$$\boxed{\text{体積積分} = \int_V T \, dV} \tag{P1.12}$$

体積積分の意味をまとめなおすと，次のようになります．

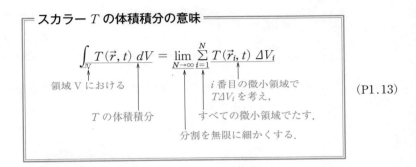

スカラー T の体積積分の意味

$$\int_V T(\vec{r}, t) \, dV = \lim_{N \to \infty} \sum_{i=1}^{N} T(\vec{r_i}, t) \, \Delta V_i \tag{P1.13}$$

領域 V における
T の体積積分

i 番目の微小領域で
$T \Delta V_i$ を考え，
すべての微小領域でたす．

分割を無限に細かくする．

[例題 P1-6]

図のように，体積がそれぞれ ΔV_1, ΔV_2, ΔV_3, ΔV_4 の領域 1～4 で構成される領域 V があります．スカラー T が各領域内で T_1, T_2, T_3, T_4 の一定値をとるとき，領域 V 内における体積積分 $\int_V T \, dV$ を求めなさい．

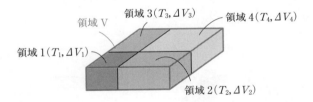

領域 V
領域 3 $(T_3, \Delta V_3)$
領域 4 $(T_4, \Delta V_4)$
領域 1 $(T_1, \Delta V_1)$
領域 2 $(T_2, \Delta V_2)$

[解]

体積積分 $\int_V T \, dV$ は，T がそれぞれ一定の領域ごとに $T \, \Delta V$ を計算してたし算をすれば求まります．

$$\int_V T \, dV = T_1 \, \Delta V_1 + T_2 \, \Delta V_2 + T_3 \, \Delta V_3 + T_4 \, \Delta V_4$$

✒ **コメント**

T を密度とすると，$T_1 \, \Delta V_1 \sim T_4 \, \Delta V_4$ はそれぞれ領域 1～4 の質量を，$\int_V T \, dV$ は領域 V 全体の質量を表します．

◆ 面積積分

面積積分（または**面積分**）とは，面（平面でも曲面でもよい）と面上のベクトル場を用いて定義される量で，ざっくりいうと，<u>ベクトルの法線成分の平均値と面の面積をかけたもの</u>です．以下で，具体的な定義を見ていきましょう．

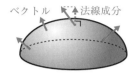

=== **面積積分をざっくりいうと** ===

法線成分の平均値 × 面の面積

図のように，面 S を微小面 $1, 2, \cdots, i, \cdots$ のように非常に細かく分割します．このときの Point は次のとおりです．

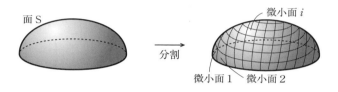

Point

・各微小面が平面とみなせるぐらいに，面を細かく分割する．

・各微小面ではベクトルが一定値をとるとみなせるぐらいに，面を細かく分割する．

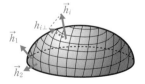
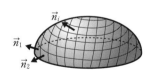

微小面 $1, 2, \cdots, i, \cdots$ 上のベクトルを $\vec{h}_1, \vec{h}_2, \cdots, \vec{h}_i, \cdots$，それぞれの法線成分を $h_{1\perp}, h_{2\perp}, \cdots, h_{i\perp}, \cdots$ と表すことにします．そして，微小面 $1, 2, \cdots, i, \cdots$ を $\vec{n}_1, \vec{n}_2, \cdots, \vec{n}_i, \cdots$ という単位法線ベクトルで，その面積を $\Delta S_1, \Delta S_2, \cdots, \Delta S_i, \cdots$ で表したとき，面 S におけるベクトル $\vec{h}$ の面積積分の定義は次のようになります．

$$面積積分 = h_{1\perp}\, \Delta S_1 + h_{2\perp}\, \Delta S_2 + \cdots + h_{i\perp}\, \Delta S_i + \cdots$$

$$= \lim_{N \to \infty} \sum_{i=1}^{N} h_{i\perp}\, \Delta S_i \tag{P1.14}$$

$$h_{i\perp} = h_i \cos\theta_i$$
$$\vec{h_i}\cdot\vec{n_i} = |\vec{h_i}||\vec{n_i}|\cos\theta_i = h_i\cos\theta_i$$

　ここで$\vec{h_i}$と$\vec{n_i}$のなす角度をθ_iとすると，$\vec{h_i}$の垂直成分$h_{i\perp}$は$h_i\cos\theta_i$と表せるので，(P1.14)は，

$$\text{面積積分} = h_1\cos\theta_1\,\varDelta S_1 + h_2\cos\theta_2\,\varDelta S_2 + \cdots + h_i\cos\theta_i\,\varDelta S_i + \cdots$$
$$= \lim_{N\to\infty}\sum_{i=1}^{N} h_i\cos\theta_i\,\varDelta S_i \tag{P1.15}$$

となり，さらに$\vec{n_i}$が単位ベクトルですから

$$\vec{h_i}\cdot\vec{n_i} = |\vec{h_i}||\vec{n_i}|\cos\theta_i = h_i\cdot 1\cdot\cos\theta_i = h_i\cos\theta_i$$

と書けることより，(P1.15)は

$$\text{面積積分} = \vec{h_1}\cdot\vec{n_1}\,\varDelta S_1 + \vec{h_2}\cdot\vec{n_2}\,\varDelta S_2 + \cdots + \vec{h_i}\cdot\vec{n_i}\,\varDelta S_i + \cdots$$
$$= \lim_{N\to\infty}\sum_{i=1}^{N}\vec{h_i}\cdot\vec{n_i}\,\varDelta S_i \tag{P1.16}$$

と表すこともできます．

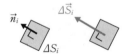

$$\boxed{\varDelta\vec{S_i} = \vec{n_i}\,\varDelta S_i} \quad \left(\begin{array}{l}\vec{n_i}：面\,\varDelta S_i\,の単位法線ベクトル\\ \varDelta S_i：面\,\varDelta S_i\,の面積\end{array}\right)$$

　さらに，面素ベクトルとよばれる，大きさが$\varDelta S_i$で，向きが$\vec{n_i}$のベクトル

$$\varDelta\vec{S_i} = \vec{n_i}\,\varDelta S_i$$

を定義すると，(P1.16)は

$$\text{面積積分} = \vec{h_1}\cdot\varDelta\vec{S_1} + \vec{h_2}\cdot\varDelta\vec{S_2} + \cdots + \vec{h_i}\cdot\varDelta\vec{S_i} + \cdots$$
$$= \lim_{N\to\infty}\sum_{i=1}^{N}\vec{h_i}\cdot\varDelta\vec{S_i} \tag{P1.17}$$

とも表せます．これら(P1.14) ～ (P1.17)をまとめると，次のようになります．

$$\text{面積積分} = \lim_{N\to\infty}\sum_{i=1}^{N} h_{i\perp}\,\varDelta S_i = \lim_{N\to\infty}\sum_{i=1}^{N} h_i\cos\theta_i\,\varDelta S_i$$
$$= \lim_{N\to\infty}\sum_{i=1}^{N}\vec{h_i}\cdot\vec{n_i}\,\varDelta S_i = \lim_{N\to\infty}\sum_{i=1}^{N}\vec{h_i}\cdot\varDelta\vec{S_i} \tag{P1.18}$$

以上のものをより簡潔に表したのが，$\int_S h_\perp \, dS$，$\int_S h\cos\theta \, dS$，$\int_S \vec{h}\cdot\vec{n}\, dS$，$\int_S \vec{h}\cdot d\vec{S}$ といった積分記号です．

$$\text{面積積分} = \int_S h_\perp \, dS = \int_S h\cos\theta \, dS$$
$$= \int_S \vec{h}\cdot\vec{n}\, dS = \int_S \vec{h}\cdot d\vec{S} \tag{P1.19}$$

このように，面積積分の表現の仕方はさまざまにありますが，すべて同じ意味です．なお，本書では，$\int_S \vec{h}\cdot d\vec{S}$ という記号を主に用いることにします．

✎ コメント
面積積分は流束ともよばれます．

面積積分の中で，特に面 S が閉曲面の場合には，本書では積分記号の $\int_S$ に丸印をつけて，$\oint_S$ と表すことにします．

$$\text{閉曲面の面積積分} = \oint_S h_\perp \, dS = \oint_S h\cos\theta \, dS$$
$$= \oint_S \vec{h}\cdot\vec{n}\, dS = \oint_S \vec{h}\cdot d\vec{S} \tag{P1.20}$$

[例題 P1-7]

図のように，面積がそれぞれ ΔS_1，ΔS_2，ΔS_3，ΔS_4 の平面 1 ～ 4 で構成される曲面 S があります．各平面内でベクトル $\vec{B}$ が $\vec{B}_1$，$\vec{B}_2$，$\vec{B}_3$，$\vec{B}_4$ の一定値をとり，各々の平面に対して垂直とします．このとき，曲面 S に対するベクトル $\vec{B}$ の面積積分 $\int_S \vec{B}\cdot d\vec{S}$ を求めなさい．

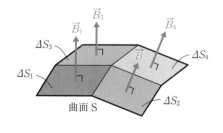

[解]

　この問題では $\vec{B}$ が各々の平面に対して垂直なので，面積積分 $\int_S \vec{B} \cdot d\vec{S}$ は，$\vec{B}$ がそれぞれ一定の領域ごとに $B\,\Delta S$ を計算してたし算をすれば求まります．

$$\int_S \vec{B} \cdot d\vec{S} = B_1\,\Delta S_1 + B_2\,\Delta S_2 + B_3\,\Delta S_3 + B_4\,\Delta S_4$$

[例題 P1-8]

　図のように，面積がそれぞれ ΔS_1, ΔS_2,
ΔS_3, ΔS_4 の平面 1 〜 4 で構成される曲面 S
があります．そして，各平面内でベクトル
$\vec{B}$ が $\vec{B_1}$, $\vec{B_2}$, $\vec{B_3}$, $\vec{B_4}$ の一定値をとり，各々
の平面の垂直方向に対してなす角度を θ_1,
θ_2, θ_3, θ_4 とします．このとき，曲面 S に

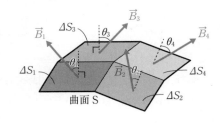

対するベクトル $\vec{B}$ の面積積分 $\int_S \vec{B} \cdot d\vec{S}$ を求めなさい．

[解]

　面積積分 $\int_S \vec{B} \cdot d\vec{S}$ は，$\vec{B}$ がそれぞれ一定の領域ごとに $B\cos\theta\,\Delta S$ を計算してたし算をすれば求まります．

$$\int_S \vec{B} \cdot d\vec{S} = B_1\cos\theta_1\,\Delta S_1 + B_2\cos\theta_2\,\Delta S_2 + B_3\cos\theta_3\,\Delta S_3 + B_4\cos\theta_4\,\Delta S_4$$

[例題 P1-9]

　図のように，半径 R の閉曲面（球面）S があり，この S 上
を一定の大きさのベクトル $\vec{E}$ が閉曲面 S に垂直に貫いてい
るとします．このとき，閉曲面 S に対するベクトル $\vec{E}$ の面

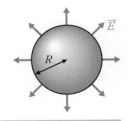

積積分 $\oint_S \vec{E} \cdot d\vec{S}$ を求めなさい．

[解]

　面積積分 $\oint_S \vec{E} \cdot d\vec{S}$ は，$\vec{E}$ が閉曲面 S 上ですべて垂直で一定値 E をとるので，E と
球の表面積 $4\pi R^2$ のかけ算をすれば求まります．

$$\oint_S \vec{E} \cdot d\vec{S} = E \cdot 4\pi R^2 = 4\pi R^2 E$$

◆ 線 積 分

　線積分は，経路(すなわち，向きをもった線)と，経路上のベクトル場を用いて定義される量で，ざっくりいうと，<u>ベクトルの接線成分の平均値と経路の長さをかけたもの</u>です．以下で，具体的な定義を見ていきましょう．

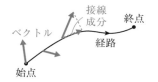

━**線積分をざっくりいうと**━━━━
接線成分の平均値 × 経路の長さ

　経路 C を図のように区間 $1, 2, \cdots, i, \cdots$ と非常に細かく分割します．このときの Point は次のとおりです．

━**Point**━━━━━━━━━━━━━━━━━━━━━━━━━━━━━━
・各区間は直線とみなせるほどに細かく分割する．

・各区間においてはベクトルが一定値をとるとみなせる
　ぐらいに細かく分割する．

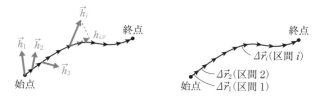

　区間 $1, 2, \cdots, i, \cdots$ 上のベクトルを $\vec{h}_1, \vec{h}_2, \cdots, \vec{h}_i, \cdots$，それぞれの接線成分を $h_{1/\!/}, h_{2/\!/}, \cdots, h_{i/\!/}, \cdots$，そして，区間 $1, 2, \cdots, i, \cdots$ を $\Delta \vec{r}_1, \Delta \vec{r}_2, \cdots, \Delta \vec{r}_i, \cdots$ というベクトルで表すことにします．このとき，経路 C におけるベクトル $\vec{h}$ の線積分を次のように定義します．

$$線積分 = h_{1/\!/}\, \Delta r_1 + h_{2/\!/}\, \Delta r_2 + \cdots + h_{i/\!/}\, \Delta r_i + \cdots$$

$$= \lim_{N \to \infty} \sum_{i=1}^{N} h_{i/\!/} \, \Delta r_i \tag{P1.21}$$

$$h_{i/\!/} = h_i \cos \theta_i$$
$$h_{i/\!/} \, \Delta r_i = h_i \cos \theta_i \, \Delta r_i$$
$$= \vec{h}_i \cdot \Delta \vec{r}_i$$

　ここで $\vec{h}_i$ と $\Delta \vec{r}_i$ のなす角度を θ_i とすると，$h_{i/\!/}$ は $h_i \cos \theta_i$ と表せることより，(P1.21)は，

$$線積分 = h_1 \cos \theta_1 \, \Delta r_1 + h_2 \cos \theta_2 \, \Delta r_2 + \cdots + h_i \cos \theta_i \, \Delta r_i + \cdots$$
$$= \lim_{N \to \infty} \sum_{i=1}^{N} h_i \cos \theta_i \, \Delta r_i \tag{P1.22}$$

となり，さらに，ここで $\vec{h}_i$ と $\Delta \vec{r}_i$ の内積を考えると，

$$\vec{h}_i \cdot \Delta \vec{r}_i = h_i \, \Delta r_i \cos \theta_i$$

となることから，(P1.22)は

$$線積分 = \vec{h}_1 \cdot \Delta \vec{r}_1 + \vec{h}_2 \cdot \Delta \vec{r}_2 + \cdots + \vec{h}_i \cdot \Delta \vec{r}_i + \cdots$$
$$= \lim_{N \to \infty} \sum_{i=1}^{N} \vec{h}_i \cdot \Delta \vec{r}_i \tag{P1.23}$$

とも表せます．

　これら(P1.21) ～ (P1.23)をまとめると，

$$線積分 = \lim_{N \to \infty} \sum_{i=1}^{N} h_{i/\!/} \, \Delta r_i = \lim_{N \to \infty} \sum_{i=1}^{N} h_i \cos \theta_i \, \Delta r_i = \lim_{N \to \infty} \sum_{i=1}^{N} \vec{h}_i \cdot \Delta \vec{r}_i$$

$$\tag{P1.24}$$

となり，これらは $\int_C h_{/\!/} \, dr$, $\int_C h \cos \theta \, dr$, $\int_C \vec{h} \cdot d\vec{r}$ といった積分記号で表すことができます．

$$線積分 = \int_C h_{/\!/} \, dr = \int_C h \cos \theta \, dr = \int_C \vec{h} \cdot d\vec{r} \tag{P1.25}$$

　このように，線積分の表現の仕方はさまざまにありますが，すべて同じ意味です．なお，本書では，$\int_C \vec{h} \cdot d\vec{r}$ という記号を主に用いることにします．

また，線積分の中で，特に経路 C が閉曲線となる場合を**周回積分**とよび，本書では積分記号の $\int_C$ に丸印を付けて，$\oint_C$ と表すことにします．

$$\text{周回積分} = \oint_C h_{/\!/}\, dr = \oint_C h\cos\theta\, dr = \oint_C \vec{h}\cdot d\vec{r} \tag{P1.26}$$

 コメント

周回積分は**循環**ともよばれます．

[例題 P1-10]

ベクトル $\vec{F}$ が $\vec{F} = (F_0, 0, 0)$ と与えられている場合に，以下の問に答えなさい．ただし，F_0 は定数とします．

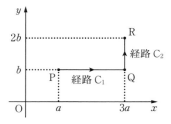

(1)　経路 C_1（P → Q）に対する $\vec{F}$ の線積分 $\displaystyle\int_{C_1} \vec{F}\cdot d\vec{r}$ を求めなさい．

(2)　経路 C_2（Q → R）に対する $\vec{F}$ の線積分 $\displaystyle\int_{C_2} \vec{F}\cdot d\vec{r}$ を求めなさい．

(3)　経路 C_1 と経路 C_2 からなる経路 C に対する $\vec{F}$ の線積分 $\displaystyle\int_{C} \vec{F}\cdot d\vec{r}$ を求めなさい．

[解]

(1)　$\vec{F}$ は経路 C_1 に対して平行で，同じ向きに一定の大きさ F_0 であることから，

$$\int_{C_1} \vec{F}\cdot d\vec{r} = F_0 \cdot 2a = 2F_0 a$$

(2)　$\vec{F}$ は経路 C_2 に対して垂直であることから（経路 C_2 に平行な成分は 0 なので）

$$\int_{C_2} \vec{F}\cdot d\vec{r} = 0 \cdot b = 0$$

(3)　経路 C は経路 C_1 と経路 C_2 からなるので，$\displaystyle\int_{C} \vec{F}\cdot d\vec{r}$ は(1)と(2)の線積分の合計

$$2F_0 a + 0 = 2F_0 a\ \text{となります．}$$

$$\int_C \vec{F} \cdot d\vec{r} = \int_{C_1} \vec{F} \cdot d\vec{r} + \int_{C_2} \vec{F} \cdot d\vec{r} = 2F_0 a + 0 = 2F_0 a$$

📖 **参考**

線積分の内積を成分に戻して,

$$\int_C \vec{F} \cdot d\vec{r} = \int_C F_x\,dx + \int_C F_y\,dy + \int_C F_z\,dz$$

から計算することもできます.これを用いた解答を別解として下に記します.

(1)

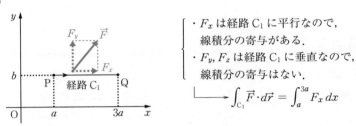

・F_x は経路 C_1 に平行なので, 線積分の寄与がある.

・F_y, F_z は経路 C_1 に垂直なので, 線積分の寄与はない.

$$\longrightarrow \int_{C_1} \vec{F} \cdot d\vec{r} = \int_a^{3a} F_x\,dx$$

$$\int_{C_1} \vec{F} \cdot d\vec{r} = \int_a^{3a} F_x\,dx = \int_a^{3a} F_0\,dx = [F_0 x]_a^{3a} = F_0 \cdot 3a - F_0 a = 2F_0 a$$

(2)

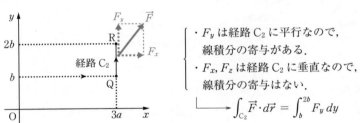

・F_y は経路 C_2 に平行なので, 線積分の寄与がある.

・F_x, F_z は経路 C_2 に垂直なので, 線積分の寄与はない.

$$\longrightarrow \int_{C_2} \vec{F} \cdot d\vec{r} = \int_b^{2b} F_y\,dy$$

$$\int_{C_2} \vec{F} \cdot d\vec{r} = \int_b^{2b} F_y\,dy = \int_b^{2b} 0\,dy = 0$$

(3) (1),(2)より,

$$\int_C \vec{F} \cdot d\vec{r} = \int_{C_1} \vec{F} \cdot d\vec{r} + \int_{C_2} \vec{F} \cdot d\vec{r} = 2F_0 a$$

電磁気学に必要な数学 (2)

本章では，マクスウェル方程式からの一般的な導出事項を解説する際に必要となる数学を１つずつていねいに解説していきます．

P2-1 積分定理

◆ ガウスの定理

任意の領域 V を用意して（すなわち，どんな領域でもよいので領域を用意して，それを領域 V と書いて），その領域内でベクトル場 $\vec{h}$ のダイバージェンス $\mathrm{div}\,\vec{h} = \vec{\nabla}\cdot\vec{h}$ の体積積分を考えます．

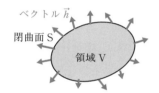

Point
$\vec{h}$：どんなベクトル場でもよい．
V：どんな領域でもよい．
S：V の表面

するとそれは，領域 V の表面 S 上における $\vec{h}$ の面積積分（内から外向きを正の向きとする）に等しくなります．これを**ガウスの定理**とよびます．

> **ガウスの定理**
> どんなベクトル場 $\vec{h}$ に対しても次の関係式が成り立つ．
> $$\int_V \vec{\nabla}\cdot\vec{h}\,dV = \oint_S \vec{h}\cdot d\vec{S}$$
> どんな領域 V でもよいので，$\vec{\nabla}\cdot\vec{h}$ の体積積分は
> 領域 V の表面 S における $\vec{h}$ の面積積分に等しくなる．

(P2.1)

> $\oint_S$ は S が閉曲面という意味．

✎ コメント

S を「任意の閉曲面」，V を「閉曲面 S に取り囲まれた領域」として，ガウスの定理を記述することもできます．

◆ ガウスの定理の証明

　この証明は長いので，以下のように(i)と(ii)の2つに分けて行います。まず(i)では，考えるべき閉曲面がどんな形であっても，それを細かく分割していくことで，小さな直方体の閉曲面の集まりと考えればよいことを示します。そして(ii)では，その小さな直方体の閉曲面に注目することを通じて証明を完成させます。

(i) 分 割

　任意の閉曲面 S についてのベクトル場 $\vec{h}$ の面積積分

$$\oint_S \vec{h} \cdot d\vec{S}$$

について考えます。

閉曲面 S　　　　　曲面 S_a　　　　曲面 S_b

　ここで，閉曲面 S を図のように2つの曲面 S_a と S_b に分割し，

$$\oint_S \vec{h} \cdot d\vec{S} = \int_{S_a} \vec{h} \cdot d\vec{S} + \int_{S_b} \vec{h} \cdot d\vec{S} \tag{P2.2}$$

とします。

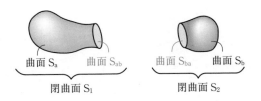

曲面 S_a　　曲面 S_{ab}　　　曲面 S_{ba}　　曲面 S_b

閉曲面 S_1　　　　　　　　閉曲面 S_2

　そして，図のように切り口に曲面 S_{ab} と S_{ba} をつけ加えてふたをすることで，それぞれを閉曲面 $S_1 = S_a + S_{ab}$ と $S_2 = S_b + S_{ba}$ とします。それにともない，閉曲面 S_1 と S_2 の面積積分は

$$\oint_{S_1} \vec{h} \cdot d\vec{S} = \int_{S_a} \vec{h} \cdot d\vec{S} + \int_{S_{ab}} \vec{h} \cdot d\vec{S} \tag{P2.3}$$

$$\oint_{S_2} \vec{h} \cdot d\vec{S} = \int_{S_b} \vec{h} \cdot d\vec{S} + \int_{S_{ba}} \vec{h} \cdot d\vec{S} \tag{P2.4}$$

となります。

ここで，S_{ab} と S_{ba} は同じ面ですが，それぞれの正の向き（面の単位法線ベクトル $\vec{n}$ の向き）がちょうど逆向きなため，これらの面積積分は符号がちょうど逆転し，

$$\int_{S_{ab}} \vec{h} \cdot d\vec{S} = -\int_{S_{ba}} \vec{h} \cdot d\vec{S} \tag{P2.5}$$

となります．そこで，(P2.3)，(P2.4)を辺々たして，

$$\oint_{S_1} \vec{h} \cdot d\vec{S} + \oint_{S_2} \vec{h} \cdot d\vec{S} = \int_{S_a} \vec{h} \cdot d\vec{S} + \int_{S_b} \vec{h} \cdot d\vec{S} + \int_{S_{ab}} \vec{h} \cdot d\vec{S} + \int_{S_{ba}} \vec{h} \cdot d\vec{S}$$

$$= \int_{S_a} \vec{h} \cdot d\vec{S} + \int_{S_b} \vec{h} \cdot d\vec{S} \longleftarrow \boxed{\text{(P2.5)を用いた.}}$$

として，これを(P2.2)に代入すると，

$$\oint_{S} \vec{h} \cdot d\vec{S} = \oint_{S_1} \vec{h} \cdot d\vec{S} + \oint_{S_2} \vec{h} \cdot d\vec{S} \tag{P2.6}$$

が得られます．

　以上より，<u>S という任意の閉曲面におけるベクトル場 $\vec{h}$ の面積積分は，それを分割してふたをした任意の2つの閉曲面 S_1 と S_2 における面積積分の合計に等しい</u>ことがわかりました．

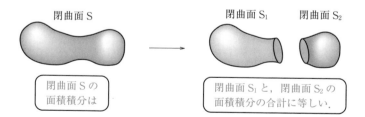

　このような分割を繰り返すことで，次のページの図に示すように，S という任意の閉曲面におけるベクトル場 $\vec{h}$ の面積積分は，それを分割してつくった N 個の小さな直方体の閉曲面 S_i $(i = 1, 2, \cdots, N)$ における面積積分の合計に等しいことになります．

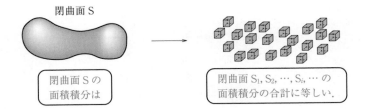

閉曲面 S

閉曲面 S の
面積積分は

閉曲面 $S_1, S_2, \cdots, S_i, \cdots$ の
面積積分の合計に等しい.

そして，この分割を無限回（$N \to \infty$）行うことで，（P2.6）は

$$\oint_S \vec{h} \cdot d\vec{S} = \lim_{N \to \infty} \sum_{i=1}^{N} \oint_{S_i} \vec{h} \cdot d\vec{S} \tag{P2.7}$$

となります.

(ii) $\displaystyle\oint_{S_i} \vec{h} \cdot d\vec{S}$ の計算

（P2.7）の右辺の$\displaystyle\oint_{S_i} \vec{h} \cdot d\vec{S}$
である，i 番目の微小な直方
体の閉曲面 S_i の面積積分を
計算します.

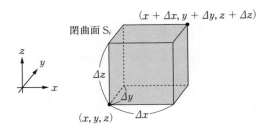

これは直方体の 6 つの面の面積積分の合計なので

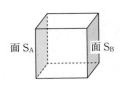
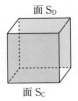

$$\oint_{S_i} \vec{h} \cdot d\vec{S} = \int_{S_A} \vec{h} \cdot d\vec{S} + \int_{S_B} \vec{h} \cdot d\vec{S} + \int_{S_C} \vec{h} \cdot d\vec{S}$$
$$+ \int_{S_D} \vec{h} \cdot d\vec{S} + \int_{S_E} \vec{h} \cdot d\vec{S} + \int_{S_F} \vec{h} \cdot d\vec{S} \tag{P2.8}$$

と表せます. ただし，図のように，直方体の各辺は x, y, z 軸に平行で各辺の
長さを $\Delta x, \Delta y, \Delta z$ とし，また x 軸に垂直な面を S_A，S_B，y 軸に垂直な面を S_C，
S_D，z 軸に垂直な面を S_E，S_F とします.

　まず，S_A と S_B の面積積分を考えてみましょう. なお，式変形の見やすさを
考えて，以下では面積積分 $\displaystyle\int_{S_i} \vec{h} \cdot d\vec{S}$ は $\displaystyle\int_{S_i} \vec{h} \cdot \vec{n}\, dS$ と表します（（P1.19）を参照）.

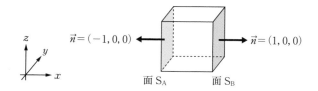

面 S_A, S_B の面積積分は，面積がともに $\Delta y \, \Delta z$ で，正の向きを表す単位法線ベクトル $\vec{n}$ が面 S_A は $\vec{n} = (-1, 0, 0)$，面 S_B は $\vec{n} = (1, 0, 0)$ となるので，

$$\int_{S_A} \vec{h} \cdot d\vec{S} = \int_{S_A} \vec{h} \cdot \vec{n} \, dS = \int_{S_A} (h_x, h_y, h_z) \cdot (-1, 0, 0) \, dS$$

$$= \int_{S_A} (-h_x) \, dS = -h_x(A) \, \Delta y \, \Delta z \quad \longleftarrow \boxed{\text{S_A は微小面なので h_x は一定とみなせ，積分の前に出した.}}$$

$$\int_{S_B} \vec{h} \cdot d\vec{S} = \int_{S_B} \vec{h} \cdot \vec{n} \, dS = \int_{S_B} (h_x, h_y, h_z) \cdot (1, 0, 0) \, dS$$

$$= \int_{S_B} h_x \, dS = h_x(B) \, \Delta y \, \Delta z \quad \longleftarrow \boxed{\text{S_B は微小面なので h_x は一定とみなせ，積分の前に出した.}}$$

となります．ただし，$h_x(A)$，$h_x(B)$ はそれぞれ面 S_A, S_B 上の h_x であることを意味し，

$$h_x(A) = h_x(x, y, z), \qquad h_x(B) = h_x(x + \Delta x, y, z)$$

です．S_C, S_D および S_E, S_F も同様に考えて

$$\int_{S_C} \vec{h} \cdot d\vec{S} = \int_{S_C} \vec{h} \cdot \vec{n} \, dS = \int_{S_C} (h_x, h_y, h_z) \cdot (0, -1, 0) \, dS$$

$$= \int_{S_C} (-h_y) \, dS = -h_y(C) \, \Delta x \, \Delta z \quad \longleftarrow \boxed{\text{S_C は微小面なので h_y は一定とみなせ，積分の前に出した.}}$$

$$\int_{S_D} \vec{h} \cdot d\vec{S} = \int_{S_D} \vec{h} \cdot \vec{n} \, dS = \int_{S_D} (h_x, h_y, h_z) \cdot (0, 1, 0) \, dS$$

$$= \int_{S_D} h_y \, dS = h_y(D) \, \Delta x \, \Delta z \quad \longleftarrow \boxed{\text{S_D は微小面なので h_y は一定とみなせ，積分の前に出した.}}$$

$$\int_{S_E} \vec{h} \cdot d\vec{S} = \int_{S_E} \vec{h} \cdot \vec{n} \, dS = \int_{S_E} (h_x, h_y, h_z) \cdot (0, 0, -1) \, dS$$

$$= \int_{S_E} (-h_z) \, dS = -h_z(E) \, \Delta x \, \Delta y \quad \longleftarrow \boxed{\text{S_E は微小面なので h_z は一定とみなせ，積分の前に出した.}}$$

$$\int_{S_F} \vec{h} \cdot d\vec{S} = \int_{S_F} \vec{h} \cdot \vec{n} \, dS = \int_{S_F} (h_x, h_y, h_z) \cdot (0, 0, 1) \, dS$$

$$= \int_{S_F} h_z \, dS = h_z(F) \, \Delta x \, \Delta y \quad \longleftarrow \boxed{\text{S_F は微小面なので h_z は一定とみなせ，積分の前に出した.}}$$

となります．ただし，

$$h_y(C) = h_y(x, y, z), \qquad h_y(D) = h_y(x, y + \Delta y, z)$$

$$h_z(\mathrm{E}) = h_z(x, y, z), \qquad h_z(\mathrm{F}) = h_x(x, y, z + \varDelta z)$$

です.

さて，ここで微分等式①(P1.5)の f を h_x とし，$\varDelta y = \varDelta z = 0$ とした

$$h_x(x + \varDelta x, y, z) - h_x(x, y, z) = \frac{\partial h_x}{\partial x}\,\varDelta x$$

を $\displaystyle\int_{\mathrm{S_A}} \vec{h}\cdot d\vec{S} + \int_{\mathrm{S_B}} \vec{h}\cdot d\vec{S}$ に代入して整理すると

$$
\begin{aligned}
\int_{\mathrm{S_A}} \vec{h}\cdot d\vec{S} + \int_{\mathrm{S_B}} \vec{h}\cdot d\vec{S} &= h_x(\mathrm{B})\,\varDelta y\,\varDelta z - h_x(\mathrm{A})\,\varDelta y\,\varDelta z \\
&= h_x(x + \varDelta x, y, z)\,\varDelta y\,\varDelta z - h_x(x, y, z)\,\varDelta y\,\varDelta z \\
&= \{h_x(x + \varDelta x, y, z) - h_x(x, y, z)\}\,\varDelta y\,\varDelta z \\
&= \frac{\partial h_x}{\partial x}\,\varDelta x\,\varDelta y\,\varDelta z
\end{aligned}
$$

となります. 同様にして

$$
\begin{aligned}
\int_{\mathrm{S_C}} \vec{h}\cdot d\vec{S} + \int_{\mathrm{S_D}} \vec{h}\cdot d\vec{S} &= h_y(\mathrm{D})\,\varDelta x\,\varDelta z - h_y(\mathrm{C})\,\varDelta x\,\varDelta z \\
&= h_y(x, y + \varDelta y, z)\,\varDelta x\,\varDelta z - h_y(x, y, z)\,\varDelta x\,\varDelta z \\
&= \frac{\partial h_y}{\partial y}\,\varDelta x\,\varDelta y\,\varDelta z
\end{aligned}
$$

$$
\begin{aligned}
\int_{\mathrm{S_E}} \vec{h}\cdot d\vec{S} + \int_{\mathrm{S_F}} \vec{h}\cdot d\vec{S} &= h_z(\mathrm{F})\,\varDelta x\,\varDelta y - h_z(\mathrm{E})\,\varDelta x\,\varDelta y \\
&= h_z(x, y, z + \varDelta z)\,\varDelta x\,\varDelta y - h_z(x, y, z)\,\varDelta x\,\varDelta y \\
&= \frac{\partial h_z}{\partial z}\,\varDelta x\,\varDelta y\,\varDelta z
\end{aligned}
$$

となるので，以上をまとめると(P2.8)は

$$\oint_{\mathrm{S}_i} \vec{h}\cdot d\vec{S} = \left(\frac{\partial h_x}{\partial x} + \frac{\partial h_y}{\partial y} + \frac{\partial h_z}{\partial z} \right) \varDelta x\,\varDelta y\,\varDelta z = \vec{\nabla}\cdot\vec{h}\,\varDelta V_i$$

となります. ただし，$\varDelta x\,\varDelta y\,\varDelta z$ は i 番目の立方体の体積なので，これを $\varDelta V_i$ と表しました. これを(P2.7)に代入すると，

$$\oint_{\mathrm{S}} \vec{h}\cdot d\vec{S} = \lim_{N\to\infty} \sum_{i=1}^{N} \vec{\nabla}\cdot\vec{h}\,\varDelta V_i$$

となり，右辺は $\vec{\nabla}\cdot\vec{h}$ の体積積分の定義そのもの((P1.13)を参照)なので，

$$\oint_{\mathrm{S}} \vec{h}\cdot d\vec{S} = \int_{\mathrm{V}} \vec{\nabla}\cdot\vec{h}\,dV$$

と書けます.

以上より，ガウスの定理が証明できました.

◆ ストークスの定理

　任意の面Sを用意して(すなわち，どんな面でもよいので面を用意して，それを面Sと書いて)，その面上におけるベクトル場 $\vec{h}$ のローテーション $\mathrm{rot}\,\vec{h}$ $= \vec{\nabla} \times \vec{h}$ の面積積分を考えます．

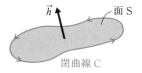

┌─ **Point** ─────────
　$\vec{h}$：どんなベクトルでもよい．
　S：どんな面でもよい．
　C：面Sを縁とする閉曲線
└──────────────────

　するとそれは，その面Sの縁である閉曲線Cにおける $\vec{h}$ の周回積分に等しくなります．これを**ストークスの定理**とよびます．なお，面Sと閉曲面Cの正の向きは，右ねじの関係(P1-3節の閉曲面と閉曲線の項を参照)にとります．

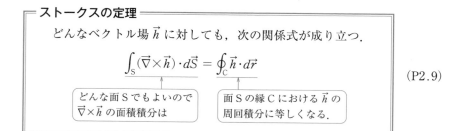

┌─ **ストークスの定理** ─────────────────
　　どんなベクトル場 $\vec{h}$ に対しても，次の関係式が成り立つ．

$$\int_{S} (\vec{\nabla} \times \vec{h}) \cdot d\vec{S} = \oint_{C} \vec{h} \cdot d\vec{r}$$

(P2.9)

┌──────────────┐　┌──────────────┐
│ どんな面Sでもよいので │　│ 面Sの縁Cにおける $\vec{h}$ の │
│ $\vec{\nabla} \times \vec{h}$ の面積積分は │　│ 周回積分に等しくなる． │
└──────────────┘　└──────────────┘
└──────────────────────────────────

┌──────────────────────┐
│ $\oint_{C}$ はCが閉曲線という意味． │
└──────────────────────┘

✎ **コメント**

　Cを「任意の閉曲線」，Sを「閉曲線Cに取り囲まれた面」として，ストークスの定理を記述することもできます．

📖 **参考**

　ガウスの法則は，ある領域における体積積分をその表面における面積積分へと変換しているという意味で，いわば3次元の情報を2次元の情報へと落とし込んでいると解釈できます．同様に，ストークスの定理は，ある面における面積積分をその縁における線積分へと変換しているという意味で，いわば2次元の情報を1次元の情報へと落とし込んでいると解釈できます．ちなみに，ガウスの定理及び第1章で学ぶガウスの法則はドイツ人のガウスが名称の由来で，彼は幼少期から晩年まで天才と呼ばれた数学者でした．また，ストークスはアイルランド人で，マクスウェルは彼のケンブリッジ大学での講義を受講していました．
📖

◆ ストークスの定理の証明

この証明も，ガウスの法則と同様に長いので，以下のように(i)と(ii)の2つに分けて行います．まず(i)では，考えるべき閉曲線がどんな形であっても，それを細かく分割していくことで，小さな長方形の閉曲線の集まりと考えればよいことを示します．そして(ii)では，その小さな長方形の閉曲線に注目することを通じて証明を完成させます．

(i) 分　割

任意の向きをもった閉曲線 C についてのベクトル場 $\vec{h}$ の周回積分

$$\oint_C \vec{h} \cdot d\vec{r}$$

について考えます．閉曲線 C の正の向きは，図のように左回りにとります．

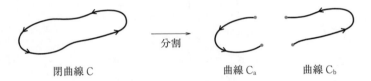

閉曲線 C　　　　　　　　　　曲線 C_a　　　　曲線 C_b

ここで，閉曲線 C を図のように2つの曲線 C_a と C_b に分割し，

$$\oint_C \vec{h} \cdot d\vec{r} = \int_{C_a} \vec{h} \cdot d\vec{r} + \int_{C_b} \vec{h} \cdot d\vec{r} \tag{P2.10}$$

とします．

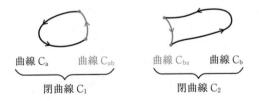

曲線 C_a　　　曲線 C_{ab}　　　曲線 C_{ba}　　　曲線 C_b

閉曲線 C_1　　　　　　　　　　閉曲線 C_2

そして，図のように端に向きをもった曲線 C_{ab} と C_{ba} をつけ加えることで，それぞれを閉曲線 $C_1 = C_a + C_{ab}$ と $C_2 = C_b + C_{ba}$ とします．それにともない，閉曲線 C_1 と C_2 の周回積分は

$$\oint_{C_1} \vec{h} \cdot d\vec{r} = \int_{C_a} \vec{h} \cdot d\vec{r} + \int_{C_{ab}} \vec{h} \cdot d\vec{r} \tag{P2.11}$$

$$\oint_{C_2} \vec{h} \cdot d\vec{r} = \int_{C_b} \vec{h} \cdot d\vec{r} + \int_{C_{ba}} \vec{h} \cdot d\vec{r} \tag{P2.12}$$

となります．

曲線 C_a　　　曲線 C_{ab}　　逆向きで同じ形　　曲線 C_{ba}　　曲線 C_b

ここで，C_{ab} と C_{ba} は同じ形の曲線ですが，正の向きがちょうど逆向きなため，これらの線積分は符号がちょうど逆転し，

$$\int_{C_{ab}} \vec{h} \cdot d\vec{r} = -\int_{C_{ba}} \vec{h} \cdot d\vec{r} \tag{P2.13}$$

となります．そこで，(P2.11)，(P2.12)を辺々たして，

$$\oint_{C_1} \vec{h} \cdot d\vec{r} + \oint_{C_2} \vec{h} \cdot d\vec{r} = \int_{C_a} \vec{h} \cdot d\vec{r} + \int_{C_b} \vec{h} \cdot d\vec{r} + \int_{C_{ab}} \vec{h} \cdot d\vec{r} + \int_{C_{ba}} \vec{h} \cdot d\vec{r}$$

$$= \int_{C_a} \vec{h} \cdot d\vec{r} + \int_{C_b} \vec{h} \cdot d\vec{r} \quad \longleftarrow \boxed{(\text{P2.13})\text{を用いた．}}$$

として，これを(P2.10)に代入すると

$$\oint_C \vec{h} \cdot d\vec{r} = \oint_{C_1} \vec{h} \cdot d\vec{r} + \oint_{C_2} \vec{h} \cdot d\vec{r} \tag{P2.14}$$

が得られます．

　以上より，C という任意の閉曲線におけるベクトル場 $\vec{h}$ の周回積分は，それを分割して曲線をつけ加えた任意の 2 つの閉曲線 C_1 と C_2 における周回積分の合計に等しいことがわかりました．

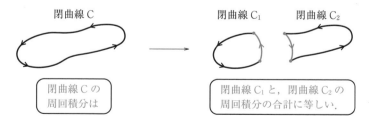

閉曲線 C　　　　　閉曲線 C_1　　閉曲線 C_2

閉曲線 C の周回積分は

閉曲線 C_1 と，閉曲線 C_2 の周回積分の合計に等しい．

　このような分割を繰り返すことで，次のページの図に示すように，C という任意の閉曲線におけるベクトル場 $\vec{h}$ の周回積分は，それを分割してつくった N 個の小さな長方形の閉曲線 C_i $(i = 1, 2, \cdots, N)$ における周回積分の合計に等しいことになります．

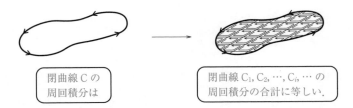

閉曲線 C の 周回積分は	閉曲線 $C_1, C_2, \cdots, C_i, \cdots$ の 周回積分の合計に等しい.

この分割を無限回 $(N \to \infty)$ おこなうことで，次の式が得られます.

$$\oint_C \vec{h} \cdot d\vec{r} = \lim_{N \to \infty} \sum_{i=1}^{N} \oint_{C_i} \vec{h} \cdot d\vec{r} \tag{P2.15}$$

となります.

　ここで注意が必要なのは，閉曲線 C 自体がある平面上にのっている，つまり平らである必要はないということです．一般には，空間上でゆがんでいても構いません．

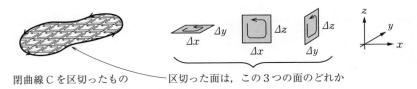

閉曲線 C を区切ったもの　　　区切った面は，この 3 つの面のどれか

　そのため，この閉曲線を長方形の閉曲線の集まりとみなす場合には，それぞれ xy 平面，yz 平面，zx 平面に平行な 3 つの閉曲面の集まりとみなす必要があります．それが上の図です．

(ii) 　$\oint_{C_i} \vec{h} \cdot d\vec{r}$ の計算

　(P2.15) の右辺の $\oint_{C_i} \vec{h} \cdot d\vec{r}$ である i 番目の微小な長方形の閉曲線 C_i が，図のような xy 面に平行な面の場合に，この C_i における周回積分を計算してみましょう.

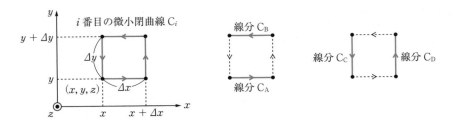

　図のように，閉曲線 C_i は 4 つの向きをもった線分 C_A，C_B，C_C，C_D から構成されるとします．このとき，$\oint_{C_i} \vec{h} \cdot d\vec{r}$ は次のように表せます．

$$\oint_{C_i} \vec{h} \cdot d\vec{r} = \int_{C_A} \vec{h} \cdot d\vec{r} + \int_{C_B} \vec{h} \cdot d\vec{r} + \int_{C_C} \vec{h} \cdot d\vec{r} + \int_{C_D} \vec{h} \cdot d\vec{r} \quad \text{(P2.16)}$$

またこれらの線分は，その線分上では $\vec{h}$ が一定値をとるとみなせるぐらいの微小にとったものなので，それぞれの線分上で $\vec{h}$ が次の値をとるものとみなします．

Point

　各線分上で，$\vec{h}$ が一定値をとるとみなせるぐらいの微小な線分をとる．

$$\longrightarrow \begin{cases} \text{線分 } C_A \text{ 上では，} \vec{h} = \vec{h}(x, y, z) \\ \text{線分 } C_B \text{ 上では，} \vec{h} = \vec{h}(x, y + \Delta y, z) \\ \text{線分 } C_C \text{ 上では，} \vec{h} = \vec{h}(x, y, z) \\ \text{線分 } C_D \text{ 上では，} \vec{h} = \vec{h}(x + \Delta x, y, z) \end{cases} \text{とみなせる.}$$

　それでは，(P2.16) の右辺を 1 つずつ計算していきましょう．まず線分 C_A では，$\vec{h}$ と $d\vec{r}$ は

$$\vec{h} = (h_x(x, y, z), h_y(x, y, z), h_z(x, y, z)), \quad d\vec{r} = (dx, 0, 0)$$

と表せるので，その積分は次のようになります．

$$\begin{aligned} \int_{C_A} \vec{h} \cdot d\vec{r} &= \int_x^{x+\Delta x} h_x(x, y, z) \, dx \\ &= h_x(x, y, z) \int_x^{x+\Delta x} dx \quad \text{←} \end{aligned}$$

> 線分 C_A 上では $h_x(x, y, z)$ は一定とみなせるので，積分の前に出せる．

$$= h_x(x, y, z) \, \Delta x$$

　次に線分 C_B では，$\vec{h}$ と $d\vec{r}$ は

$$\vec{h} = (h_x(x, y + \Delta y, z), h_y(x, y + \Delta y, z), h_z(x, y + \Delta y, z)), \quad d\vec{r} = (dx, 0, 0)$$

と表せるので，その積分は次のようになります．

$$\begin{aligned} \int_{C_B} \vec{h} \cdot d\vec{r} &= \int_{x+\Delta x}^{x} h_x(x, y + \Delta y, z) \, dx \\ &= h_x(x, y + \Delta y, z) \int_{x+\Delta x}^{x} dx \quad \text{←} \end{aligned}$$

> 線分 C_B 上では $h_x(x, y + \Delta y, z)$ は一定とみなせるので，積分の前に出せる．

$$= -h_x(x, y + \Delta y, z) \, \Delta x$$

以下，同様にして，線分 C_C では，

$$\vec{h} = (h_x(x, y, z), h_y(x, y, z), h_z(x, y, z)), \quad d\vec{r} = (0, dy, 0)$$

と表せるので,

$$\int_{C_C} \vec{h} \cdot d\vec{r} = \int_{y+\Delta y}^{y} h_y(x, y, z)\ dy$$

$$= h_y(x, y, z) \int_{y+\Delta y}^{y} dy$$

$$= -h_y(x, y, z)\ \Delta y$$

> 線分 C_C 上では $h_y(x, y, z)$ は一定とみなせるので, 積分の前に出せる.

線分 C_D では,

$$\vec{h} = (h_x(x + \Delta x, y, z), h_y(x + \Delta x, y, z), h_z(x + \Delta x, y, z)), \quad d\vec{r} = (0, dy, 0)$$

と表せるので,

$$\int_{C_D} \vec{h} \cdot d\vec{r} = \int_{y}^{y+\Delta y} h_y(x + \Delta x, y, z)\ dy$$

$$= h_y(x + \Delta x, y, z) \int_{y}^{y+\Delta y} dy$$

$$= h_y(x + \Delta x, y, z)\ \Delta y$$

> 線分 C_D 上では $h_y(x + \Delta x, y, z)$ は一定とみなせるので, 積分の前に出せる.

のようになります.

以上より, (P2.16)は,

$$\oint_{C_i} \vec{h} \cdot d\vec{r} = h_x(x, y, z)\ \Delta x - h_x(x, y + \Delta y, z)\ \Delta x$$

$$- h_y(x, y, z)\ \Delta y + h_y(x + \Delta x, y, z)\ \Delta y$$

$$= \{h_y(x + \Delta x, y, z) - h_y(x, y, z)\}\ \Delta y$$

$$- \{h_x(x, y + \Delta y, z) - h_x(x, y, z)\}\ \Delta x$$

と表せます.

ここで, (P1.5)の微分等式①より, $h_y(x + \Delta x, y, z)$ と $h_x(x, y + \Delta y, z)$ はそれぞれ

$$h_y(x + \Delta x, y, z) = h_y(x, y, z) + \frac{\partial h_y}{\partial x}\ \Delta x$$

$$h_x(x, y + \Delta y, z) = h_x(x, y, z) + \frac{\partial h_x}{\partial y}\ \Delta y$$

と表せるので, これを代入すると

$$\oint_{C_i} \vec{h} \cdot d\vec{r} = \frac{\partial h_y}{\partial x}\ \Delta x\ \Delta y - \frac{\partial h_x}{\partial y}\ \Delta y\ \Delta x = \left(\frac{\partial h_y}{\partial x} - \frac{\partial h_x}{\partial y}\right) \Delta x\ \Delta y$$

となり, $\Delta x\ \Delta y$ を xy 面の微小面積という意味で ΔS_{xy} と書くと,

$$\oint_{C_i} \vec{h} \cdot d\vec{r} = \left(\frac{\partial h_y}{\partial x} - \frac{\partial h_x}{\partial y}\right) \Delta S_{xy} \tag{P2.17}$$

とも表せます.

さてここで, $\dfrac{\partial h_y}{\partial x} - \dfrac{\partial h_x}{\partial y}$ は,

$$\vec{\nabla}\times\vec{h} = \left(\frac{\partial h_z}{\partial y} - \frac{\partial h_y}{\partial z},\ \frac{\partial h_x}{\partial z} - \frac{\partial h_z}{\partial x},\ \frac{\partial h_y}{\partial x} - \frac{\partial h_x}{\partial y}\right)$$

の z 成分なので, z 方向の単位法線ベクトル $n_z = (0,0,1)$ を用いれば,

$$\frac{\partial h_y}{\partial x} - \frac{\partial h_x}{\partial y} = \left(\frac{\partial h_z}{\partial y} - \frac{\partial h_y}{\partial z},\ \frac{\partial h_x}{\partial z} - \frac{\partial h_z}{\partial x},\ \frac{\partial h_y}{\partial x} - \frac{\partial h_x}{\partial y}\right)\cdot(0,0,1)$$

$$= (\vec{\nabla}\times\vec{h})\cdot\vec{n}_z$$

と同値変形ができます. これを用いると, (P2.17)は,

$$\oint_{C_i}\vec{h}\cdot d\vec{r} = (\vec{\nabla}\times\vec{h})\cdot\vec{n}_z\,\Delta S_{xy} \tag{P2.18}$$

と表すことができ, C_i が yz 面, zx 面に平行な場合も同様に考えると,

$$\oint_{C_i}\vec{h}\cdot d\vec{r} = (\vec{\nabla}\times\vec{h})\cdot\vec{n}_x\,\Delta S_{yz} \tag{P2.19}$$

$$\oint_{C_i}\vec{h}\cdot d\vec{r} = (\vec{\nabla}\times\vec{h})\cdot\vec{n}_y\,\Delta S_{zx} \tag{P2.20}$$

と表すことができます.

　実際には C_i は xy 面, yz 面, zx 面に平行な平面のどれかなので, (P2.18) 〜 (P2.20)は一般化することができ,

$$\oint_{C_i}\vec{h}\cdot d\vec{r} = (\vec{\nabla}\times\vec{h})\cdot\vec{n}_i\,\Delta S_i \tag{P2.21}$$

と表すことができます. ここで ΔS_i は ΔS_{xy}, ΔS_{yz}, ΔS_{zx} のどれかであり, $\vec{n}_i$ はその ΔS_i で表される面に垂直な単位ベクトルを意味します.

　この(P2.21)を(P2.15)に代入すると,

$$\oint_{C}\vec{h}\cdot d\vec{r} = \lim_{N\to\infty}\sum_{i=1}^{N}\oint_{C_i}\vec{h}\cdot d\vec{r} = \lim_{N\to\infty}\left\{\sum_{i=1}^{N}(\vec{\nabla}\times\vec{h})\cdot\vec{n}_i\,\Delta S_i\right\}$$

となり, この右辺は面積積分の定義そのもの((P1.18)を参照)なので, 結局

$$\oint_{C}\vec{h}\cdot d\vec{r} = \int_{S}(\vec{\nabla}\times\vec{h})\cdot\vec{n}\,dS$$

あるいは, $\vec{n}\,dS$ をまとめて $d\vec{S}$ と書いて,

$$\oint_{C}\vec{h}\cdot d\vec{r} = \int_{S}(\vec{\nabla}\times\vec{h})\cdot d\vec{S}$$

と書けます((P1.19)を参照).

　以上より, ストークスの定理が証明できました.

◆ グラディエントの積分定理

　任意の経路Cを用意して(すなわち, どんな経路でもよいので経路を用意して, それを経路Cと書いて), その経路C上でのスカラー場 T のグラディエント grad $T = \vec{\nabla}T$ の線積分を考えます.

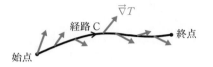

Point
- T：どんなスカラーでもよい.
- C：どんな経路でもよい.

　するとそれは, その経路Cの始点と終点におけるスカラー T の差に等しくなります. 本書では, この定理を**グラディエントの積分定理**とよぶことにします.

グラディエントの積分定理

どんなスカラー場 T に対しても, 次の関係式が成り立つ.

$$\int_C \vec{\nabla}T \cdot d\vec{r} = T(\vec{r}_{終点}) - T(\vec{r}_{始点})$$
(P2.22)

どんな経路Cでもよいので $\vec{\nabla}T$ の線積分は

終点 $\vec{r}_{終点}$ と始点 $\vec{r}_{始点}$ の位置の T の値の差に等しくなる.

✐ コメント

　この定理はざっくりいうと, 「微分 $(\vec{\nabla}T)$ の積分 $(\int d\vec{r})$ は元に戻る」という意味であり, 高等学校の数学で学んだ, 微積分の基本定理

$$\int_a^b f'(x)\, dx = f(b) - f(a)$$

$(f'(x) = \dfrac{df(x)}{dx}$ を意味)を, 線積分へと拡張したものと解釈ができます. なお, この関係式は, 拙著「講義がわかる 力学」の補足事項の§8を参照して下さい. ✐

> わり算してかけ算したら元に戻るようなものだね.

📖 参考

　グラディエントの積分定理は, ある線における線積分を端の点における値へと変換しているという意味で, いわば1次元の情報を0次元の情報へと落とし込んでいると解釈ができます. 📖

◆ グラディエントの積分定理の証明

　任意の経路 C に注目し，それを N 分割し，始点(スタート地点) $\vec{r}_{始点}$ を $\vec{r}_1$，終点(ゴール地点) $\vec{r}_{終点}$ を $\vec{r}_{N+1}$ と名付けます．

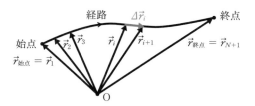

　また，$\Delta\vec{r}_i$ を

$$\Delta\vec{r}_i = \vec{r}_{i+1} - \vec{r}_i$$

と定義します．すると，$T(\vec{r}_{終点}) - T(\vec{r}_{始点})$ は

$$
\begin{aligned}
T(\vec{r}_{終点}) - T(\vec{r}_{始点}) &= T(\vec{r}_{N+1}) - T(\vec{r}_1) \\
&= \{T(\vec{r}_2) - T(\vec{r}_1)\} + \{T(\vec{r}_3) - T(\vec{r}_2)\} \\
&\quad + \{T(\vec{r}_4) - T(\vec{r}_3)\} + \{T(\vec{r}_5) - T(\vec{r}_4)\} + \cdots \\
&\quad + \{T(\vec{r}_N) - T(\vec{r}_{N-1})\} + \{T(\vec{r}_{N+1}) - T(\vec{r}_N)\}
\end{aligned}
$$

と同値変形ができ，この分割を無限に細かくすると($N \to \infty$ とすると)

$$T(\vec{r}_{終点}) - T(\vec{r}_{始点}) = \lim_{N\to\infty} \sum_{i=1}^{N} \{T(\vec{r}_{i+1}) - T(\vec{r}_i)\} \qquad (P2.23)$$

と表せます．

　さてここで，(P1.5)の微分等式①

$$T(\vec{r}_{i+1}) - T(\vec{r}_i) = \frac{\partial T}{\partial x}\Delta x_i + \frac{\partial T}{\partial y}\Delta y_i + \frac{\partial T}{\partial z}\Delta z_i$$

を，(P1.9)のダイバージェンスの定義と $\Delta\vec{r}_i = (\Delta x_i, \Delta y_i, \Delta z_i)$ を用いて

$$
\begin{aligned}
T(\vec{r}_{i+1}) - T(\vec{r}_i) &= \left(\frac{\partial T}{\partial x}, \frac{\partial T}{\partial y}, \frac{\partial T}{\partial z}\right) \cdot (\Delta x_i, \Delta y_i, \Delta z_i) \\
&= \vec{\nabla}T \cdot \Delta\vec{r}_i
\end{aligned}
$$

と変形して，これを(P2.23)に代入すると，

$$T(\vec{r}_{終点}) - T(\vec{r}_{始点}) = \lim_{N\to\infty} \sum_{i=1}^{N} \vec{\nabla}T \cdot \Delta\vec{r}_i$$

となり，これは線積分の定義そのもの((P1.24)，(P1.25)を参照)なので，

$$T(\vec{r}_{終点}) - T(\vec{r}_{始点}) = \int_C \vec{\nabla}T \cdot d\vec{r}$$

が得られます．

P2-2　微分定理

◆ div(rot) の定理

どんなベクトル $\vec{h}$ に対しても，そのローテーション $(\mathrm{rot}\,\vec{h} = \vec{\nabla}\times\vec{h})$ に対してダイバージェンスをとったもの $(\mathrm{div}(\mathrm{rot}\,\vec{h}) = \vec{\nabla}\cdot(\vec{\nabla}\times\vec{h}))$ は必ずゼロになります．本書では，この定理を div(rot) の定理①とよぶことにします．

> **div(rot) の定理①**
>
> 任意のベクトル $\vec{h}$ に対して，
> $$\vec{\nabla}\cdot(\vec{\nabla}\times\vec{h}) = 0 \tag{P2.24}$$
> が成り立つ．

✐ コメント

「任意の○○に対して××が成り立つ」というのは「どんな○○に対しても××が成り立つ」という意味です． ✐

この証明は，単に成分を計算するだけで済みます．

任意のベクトル $\vec{h} = (h_x, h_y, h_z)$ のローテーションは

$$\vec{\nabla}\times\vec{h} = \left(\frac{\partial h_z}{\partial y} - \frac{\partial h_y}{\partial z},\, \frac{\partial h_x}{\partial z} - \frac{\partial h_z}{\partial x},\, \frac{\partial h_y}{\partial x} - \frac{\partial h_x}{\partial y}\right)$$

なので，そのダイバージェンスを計算すると，

$$\vec{\nabla}\cdot(\vec{\nabla}\times\vec{h}) = \frac{\partial}{\partial x}\left(\frac{\partial h_z}{\partial y} - \frac{\partial h_y}{\partial z}\right) + \frac{\partial}{\partial y}\left(\frac{\partial h_x}{\partial z} - \frac{\partial h_z}{\partial x}\right) + \frac{\partial}{\partial z}\left(\frac{\partial h_y}{\partial x} - \frac{\partial h_x}{\partial y}\right)$$

$$= \frac{\partial^2 h_z}{\partial x\,\partial y} - \frac{\partial^2 h_y}{\partial x\,\partial z} + \frac{\partial^2 h_x}{\partial y\,\partial z} - \frac{\partial^2 h_z}{\partial y\,\partial x} + \frac{\partial^2 h_y}{\partial z\,\partial x} - \frac{\partial^2 h_x}{\partial z\,\partial y}$$

となります．これに (P1.6) の微分等式②を用いると，

$$\vec{\nabla}\cdot(\vec{\nabla}\times\vec{h}) = \frac{\partial^2 h_z}{\partial x\,\partial y} - \frac{\partial^2 h_y}{\partial x\,\partial z} + \frac{\partial^2 h_x}{\partial y\,\partial z} - \frac{\partial^2 h_z}{\partial x\,\partial y} + \frac{\partial^2 h_y}{\partial x\,\partial z} - \frac{\partial^2 h_x}{\partial y\,\partial z} = 0$$

となり，これで証明できました．

✐ コメント

$\vec{\nabla}\times\vec{h}$ を $\vec{g}$ とおくと，この定理は，

「$\vec{g} = \vec{\nabla}\times\vec{h}$ となるようなベクトル $\vec{h}$ が存在するならば，$\vec{\nabla}\cdot\vec{g} = 0$ となる．」

という表現の仕方もできます． ✐

ここで非常に大事なことは，この逆に対応する次の定理が成り立つことです．本書では，この定理を div(rot) の定理②とよぶことにします．

---

div(rot) の定理②

ベクトル $\vec{g}$ が
$$\vec{\nabla} \cdot \vec{g} = 0$$
となるならば，
$$\vec{g} = \vec{\nabla} \times \vec{h}$$
となるようなベクトル $\vec{h}$ が存在する．

(P2.25)

証明は次項で行いますが，初学者には難しいので読み飛ばしても大丈夫です．

◆ div(rot) の定理の証明

この項では，前項で述べた div(rot) の定理②の証明をします．この定理を x, y, z 成分で表すと，次のようになります．

---

div(rot) の定理②

ベクトル $\vec{g} = (g_x, g_y, g_z)$ が
$$\frac{\partial g_x}{\partial x} + \frac{\partial g_y}{\partial y} + \frac{\partial g_z}{\partial z} = 0$$
となるならば，
$$g_x = \frac{\partial h_z}{\partial y} - \frac{\partial h_y}{\partial z}, \quad g_y = \frac{\partial h_x}{\partial z} - \frac{\partial h_z}{\partial x}, \quad g_z = \frac{\partial h_y}{\partial x} - \frac{\partial h_x}{\partial y}$$
となるようなベクトル $\vec{h}$ が存在する．

それでは，この div(rot) の定理②を証明しましょう．

✎ コメント

この定理の証明は

「とにかく，h_x, h_y, h_z が見つかればよい．」

という方針で行います．すなわち，$\vec{\nabla} \cdot \vec{g} = 0$ を満たすベクトル $\vec{g}$ と，$\vec{g} = \vec{\nabla} \times \vec{h}$ という関係式でつながっているようなベクトル $\vec{h}$ を何か1つ見つけてしまえば（定義してしまえば）OK という方針で証明を行います．もちろん，やみくもに $\vec{h}$ を定義していくのではなく，$\vec{g} = \vec{\nabla} \times \vec{h}$ を満たすように意識して $\vec{h}$ の定義をしていきます．✎

まずは，$g_y = \dfrac{\partial h_x}{\partial z} - \dfrac{\partial h_z}{\partial x}$ の $g_y = \dfrac{\partial h_x}{\partial z}$ に注目し，h_x を g_y を用いて，

$$h_x(x, y, z) = \int_0^z g_y(x, y, t)\, dt \tag{P2.26}$$

と定義すると，微積分の基本定理より，

$$\frac{\partial h_x}{\partial z}(x, y, z) = g_y(x, y, z)$$

すなわち，

$$g_y(x, y, z) = \frac{\partial h_x}{\partial z}(x, y, z) \tag{P2.27}$$

が成り立ちます．

次に，$g_z = \dfrac{\partial h_y}{\partial x} - \dfrac{\partial h_x}{\partial y}$ を変形した $\dfrac{\partial h_y}{\partial x} = g_z + \dfrac{\partial h_x}{\partial y}$ に注目し，h_y を g_z と (P2.26) で定義した h_x を用いて，

$$h_y(x, y, z) = \int_0^x \left\{ g_z(t, y, z) + \frac{\partial h_x}{\partial y}(t, y, z) \right\} dt \tag{P2.28}$$

と定義すると，微積分の基本定理より，

$$\frac{\partial h_y}{\partial x}(x, y, z) = g_z(x, y, z) + \frac{\partial h_x}{\partial y}(x, y, z)$$

すなわち，

$$g_z(x, y, z) = \frac{\partial h_y}{\partial x}(x, y, z) - \frac{\partial h_x}{\partial y}(x, y, z) \tag{P2.29}$$

が成り立ちます．

同様にして（$g_x = \dfrac{\partial h_z}{\partial y} - \dfrac{\partial h_y}{\partial z}$ を変形した $\dfrac{\partial h_z}{\partial y} = g_x + \dfrac{\partial h_y}{\partial z}$ に注目して），h_z を g_x と (P2.28) で定義した h_y を用いて，

$$h_z(x, y, z) = \int_0^y \left\{ g_x(x, t, z) + \frac{\partial h_y}{\partial z}(x, t, z) \right\} dt \tag{P2.30}$$

と定義すると，微積分の基本定理より，

$$\frac{\partial h_z}{\partial y}(x, y, z) = g_x(x, y, z) + \frac{\partial h_y}{\partial z}(x, y, z)$$

すなわち，

$$g_x(x, y, z) = \frac{\partial h_z}{\partial y}(x, y, z) - \frac{\partial h_y}{\partial z}(x, y, z) \tag{P2.31}$$

が成り立ちます．

これら(P2.26) ～ (P2.31)をまとめると次のようになります.

$h_x,\ h_y,\ h_z$ を次のように定義します.

$$h_x(x, y, z) = \int_0^z g_y(x, y, t)\, dt \tag{P2.26}$$

$$h_y(x, y, z) = \int_0^x \left\{ g_z(t, y, z) + \frac{\partial h_x}{\partial y}(t, y, z) \right\} dt \tag{P2.28}$$

$$h_z(x, y, z) = \int_0^y \left\{ g_x(x, t, z) + \frac{\partial h_y}{\partial z}(x, t, z) \right\} dt \tag{P2.30}$$

すると微積分の基本定理より, 次の関係式が成り立ちます.

$$g_x(x, y, z) = \frac{\partial h_z}{\partial y}(x, y, z) - \frac{\partial h_y}{\partial z}(x, y, z) \tag{P2.31}$$

$$g_y(x, y, z) = \frac{\partial h_x}{\partial z}(x, y, z) \tag{P2.27}$$

$$g_z(x, y, z) = \frac{\partial h_y}{\partial x}(x, y, z) - \frac{\partial h_x}{\partial y}(x, y, z) \tag{P2.29}$$

✎ コメント

ここで $\dfrac{\partial h_z}{\partial x}(x, y, z) = 0$ を示せれば, 0 を加えても変わらないことから

$$g_y(x, y, z) = \frac{\partial h_x}{\partial z}(x, y, z) - \frac{\partial h_z}{\partial x}(x, y, z)$$

と表すことができ, $\vec{g} = \vec{\nabla} \times \vec{h}$ となるような $\vec{h}$ を定義できること(すなわち $\vec{h}$ が存在すること)を示すことができます. そこで, この後で証明の前提条件である $\vec{\nabla} \cdot \vec{g} = 0$ を用いて $\dfrac{\partial h_z}{\partial x}(x, y, z) = 0$ を示していきます. ✎

ここで $\dfrac{\partial h_z}{\partial x}(x, y, z)$ を計算すると, (P2.30)を用いて,

$$\frac{\partial h_z}{\partial x}(x, y, z)$$

$$= \frac{\partial}{\partial x} \int_0^y \left\{ g_x(x, t, z) + \frac{\partial h_y}{\partial z}(x, t, z) \right\} dt \quad \longleftarrow \boxed{\text{(P2.30)を用いた.}}$$

$$= \int_0^y \left\{ \frac{\partial g_x}{\partial x}(x, t, z) + \frac{\partial^2 h_y}{\partial x \partial z}(x, t, z) \right\} dt \quad \longleftarrow \boxed{\text{微分を中に入れた.}}$$

$$= \int_0^y \left\{ \frac{\partial g_x}{\partial x}(x,t,z) + \frac{\partial^2 h_y}{\partial z\,\partial x}(x,t,z) \right\} dt$$ ← 微分等式②の微分の順序を交換してよいことを用いた.

$$= \int_0^y \left[\frac{\partial g_x}{\partial x}(x,t,z) + \frac{\partial}{\partial z}\left\{ \frac{\partial h_y}{\partial x}(x,t,z) \right\} \right] dt$$

$$= \int_0^y \left[\frac{\partial g_x}{\partial x}(x,t,z) + \frac{\partial}{\partial z}\left\{ g_z(x,t,z) + \frac{\partial h_x}{\partial y}(x,t,z) \right\} \right] dt$$ ← (P2.29)を用いた.

$$= \int_0^y \left\{ \frac{\partial g_x}{\partial x}(x,t,z) + \frac{\partial g_z}{\partial z}(x,t,z) + \frac{\partial^2 h_x}{\partial z\,\partial y}(x,t,z) \right\} dt$$ ← カッコを外した.

$$= \int_0^y \left\{ \frac{\partial g_x}{\partial x}(x,t,z) + \frac{\partial g_z}{\partial z}(x,t,z) + \frac{\partial^2 h_x}{\partial y\,\partial z}(x,t,z) \right\} dt$$

$$= \int_0^y \left[\frac{\partial g_x}{\partial x}(x,t,z) + \frac{\partial g_z}{\partial z}(x,t,z) + \frac{\partial}{\partial y}\left\{ \frac{\partial h_x}{\partial z}(x,t,z) \right\} \right] dt$$

$$= \int_0^y \left\{ \frac{\partial g_x}{\partial x}(x,t,z) + \frac{\partial g_z}{\partial z}(x,t,z) + \frac{\partial g_y}{\partial y}(x,t,z) \right\} dt$$ ← (P2.27)を用いた.

となるので，ベクトル $\vec{g}$ が

$$\vec{\nabla}\cdot\vec{g} = 0$$

を満たすとき，

$$\frac{\partial g_x}{\partial x} + \frac{\partial g_y}{\partial y} + \frac{\partial g_z}{\partial z} = 0$$

より，

$$\frac{\partial h_z}{\partial x}(x,y,z) = 0 \qquad\qquad (P2.32)$$

となります．よって，(P2.32)を(P2.27)に組み込むことで，

$$g_x(x,y,z) = \frac{\partial h_z}{\partial y}(x,y,z) - \frac{\partial h_y}{\partial z}(x,y,z)$$

$$g_y(x,y,z) = \frac{\partial h_x}{\partial z}(x,y,z) - \frac{\partial h_z}{\partial x}(x,y,z)$$

$$g_z(x,y,z) = \frac{\partial h_y}{\partial x}(x,y,z) - \frac{\partial h_x}{\partial y}(x,y,z)$$

となり，

$$\vec{g} = \vec{\nabla}\times\vec{h}$$

が確かに成り立つことがわかります．

　以上より，ベクトル $\vec{g}$ が $\vec{\nabla}\cdot\vec{g} = 0$ となるならば，$\vec{g} = \vec{\nabla}\times\vec{h}$ となるような $\vec{h}$ が確かに存在することが確認できたので，これで証明ができました．

◆ rot(grad) の定理

　どんなスカラー T に対しても，そのグラディエント $(\mathrm{grad}\,T = \vec{\nabla}T)$ に対してローテーションをとったもの $(\mathrm{rot}(\mathrm{grad}\,T) = \vec{\nabla}\times(\vec{\nabla}T))$ は必ずゼロになります．本書では，この定理を rot(grad) の定理①とよぶことにします．

> ── **rot(grad) の定理①** ──
>
> 　任意のスカラー T に対して，
> $$\vec{\nabla}\times(\vec{\nabla}T) = \vec{0}$$
> 　が成り立つ． (P2.33)

　この証明も，単に成分を計算するだけで済みます．

　任意のスカラー T のグラディエントは
$$\vec{\nabla}T = \left(\frac{\partial T}{\partial x}, \frac{\partial T}{\partial y}, \frac{\partial T}{\partial z}\right)$$
と書け，そのローテーションを計算すると，
$$\vec{\nabla}\times(\vec{\nabla}T)$$
$$= \left(\frac{\partial}{\partial y}\left(\frac{\partial T}{\partial z}\right) - \frac{\partial}{\partial z}\left(\frac{\partial T}{\partial y}\right), \frac{\partial}{\partial z}\left(\frac{\partial T}{\partial x}\right) - \frac{\partial}{\partial x}\left(\frac{\partial T}{\partial z}\right), \frac{\partial}{\partial x}\left(\frac{\partial T}{\partial y}\right) - \frac{\partial}{\partial y}\left(\frac{\partial T}{\partial x}\right)\right)$$
$$= \left(\frac{\partial^2 T}{\partial y\,\partial z} - \frac{\partial^2 T}{\partial z\,\partial y}, \frac{\partial^2 T}{\partial z\,\partial x} - \frac{\partial^2 T}{\partial x\,\partial z}, \frac{\partial^2 T}{\partial x\,\partial y} - \frac{\partial^2 T}{\partial y\,\partial x}\right)$$
となります．これに(P1.6)の微分等式②を用いると，次の式を得ます．
$$\vec{\nabla}\times(\vec{\nabla}T) = \left(\frac{\partial^2 T}{\partial y\,\partial z} - \frac{\partial^2 T}{\partial y\,\partial z}, \frac{\partial^2 T}{\partial x\,\partial z} - \frac{\partial^2 T}{\partial x\,\partial z}, \frac{\partial^2 T}{\partial x\,\partial y} - \frac{\partial^2 T}{\partial x\,\partial y}\right)$$
$$= (0, 0, 0) = \vec{0}$$
これで証明ができました．

✎ コメント

　$\vec{\nabla}T$ を $\vec{h}$ とおくと，この定理は，

　「$\vec{h} = \vec{\nabla}T$ となるようなスカラー T が存在するならば，$\vec{\nabla}\times\vec{h} = \vec{0}$ となる．」

という表現の仕方もできます． ✎

　ここで大事なことは，この逆に対応する次の定理が成り立つことです．本書では，この定理を rot(grad) の定理②とよぶことにします．次のページにまとめます．

┌─ **rot(grad) の定理②** ─────────┐

ベクトル $\vec{h}$ が
$$\vec{\nabla} \times \vec{h} = \vec{0}$$
となるならば，
(P2.34)
$$\vec{h} = \vec{\nabla} T$$
となるようなスカラー T が存在する．

└────────────────────────────┘

証明は次項で行います．

◆ rot(grad) の定理の証明

この項では，前項で述べた rot(grad) の定理②の証明をします．
$$\mathrm{rot}\,\vec{h} = \vec{\nabla} \times \vec{h} = \vec{0}$$
の両辺を，C を縁とする面 S で面積積分すると，
$$\int_S (\vec{\nabla} \times \vec{h}) \cdot d\vec{S} = 0$$
$$\oint_C \vec{h} \cdot d\vec{r} = 0 \quad \longleftarrow \boxed{\text{ストークスの定理 (P2.9)を用いた．}} \quad (P2.35)$$
という式を得ます．

この(P2.35)は，すべての向きをもった閉曲線 C で成り立つので，左図のような任意の2点を通る向きをもった閉曲線 C でも成り立ちます．そして右図のように，この閉曲線 C を2つの経路 C_1，C_2 に分割すると，(P2.35)は
$$\int_{C_1} \vec{h} \cdot d\vec{r} + \int_{C_2} \vec{h} \cdot d\vec{r} = 0$$
と表せます．これを
$$\int_{C_1} \vec{h} \cdot d\vec{r} = -\int_{C_2} \vec{h} \cdot d\vec{r}$$
と変形して，C_1 を経路 A，C_2 と逆向きの経路を経路 B，端の点を始点，終点と名前をつけなおすと，

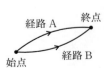

$$\int_A \vec{h} \cdot d\vec{r} = \int_B \vec{h} \cdot d\vec{r} \qquad (P2.36)$$

となります.

　経路 A, B は任意, つまり何でもよいので, この (P2.36) は, 始点と終点が同じ経路の線積分は同じ値をとることを意味します. 言いかえると, $\vec{\nabla} \times \vec{h} = \vec{0}$ という前提のもとでは, 始点と終点を決めれば, $\vec{h}$ の線積分は途中の経路(行き方)によらず値が1つに決まるといえます.

$$\boxed{\begin{array}{l} \vec{\nabla} \times \vec{h} = \vec{0} \text{ が成り立つとき, } \vec{h} \text{ の線積分は, 始点と} \\ \text{終点を決めれば経路によらず値が1つに決まる.} \end{array}} \quad \text{(P2.37)}$$

　そこで, 始点 $\vec{r}_0$ を基準点とした, 終点 $\vec{r}$ の関数 T を

$$T(\vec{r}) = \int_{\vec{r}_0}^{\vec{r}} \vec{h} \cdot d\vec{r} \quad \text{(P2.38)}$$

と定義することにします.

✎ コメント

　この定義で $\vec{r} = \vec{r}_0$ とすると $T(\vec{r}_0) = \int_{\vec{r}_0}^{\vec{r}_0} \vec{h} \cdot d\vec{r} = 0$ となることから, (P2.38) で定義される T は, 基準点においてその値はゼロとなります. ✎

　ここで位置 $\vec{r}$ における $T(\vec{r})$ と, そこから微小変位 $\Delta \vec{r}$ だけずれた位置 $\vec{r} + \Delta \vec{r}$ における $T(\vec{r} + \Delta \vec{r})$ の差を2通りの方法で計算することを通じて, $\vec{h}$ と T の関係を $\vec{h} =$ の式の形で表してみましょう.

　まず, (P2.38) より,

$$\begin{aligned} T(\vec{r} + \Delta \vec{r}) - T(\vec{r}) &= \int_{\vec{r}_0}^{\vec{r} + \Delta \vec{r}} \vec{h} \cdot d\vec{r} - \int_{\vec{r}_0}^{\vec{r}} \vec{h} \cdot d\vec{r} \\ &= \int_{\vec{r}_0}^{\vec{r} + \Delta \vec{r}} \vec{h} \cdot d\vec{r} + \int_{\vec{r}}^{\vec{r}_0} \vec{h} \cdot d\vec{r} \quad \leftarrow \begin{array}{l}\text{経路を逆向きにすることで} \\ \text{積分の符号を反転させた.}\end{array} \\ &= \int_{\vec{r}}^{\vec{r} + \Delta \vec{r}} \vec{h} \cdot d\vec{r} \quad \leftarrow \begin{array}{l}\vec{r} \text{ から } \vec{r}_0, \ \vec{r}_0 \text{ から } \vec{r} + \Delta \vec{r} \\ \text{という積分区間をつなげた.}\end{array} \\ &= \vec{h} \cdot \Delta \vec{r} \quad \leftarrow \begin{array}{l}\vec{h} \text{ がその間一定とみなせるほどに } \Delta \vec{r} \text{ が微小} \\ \text{なので, 積分を単なる内積に変形した.}\end{array} \end{aligned}$$

となります.

　一方で, $\vec{r}$ と $\vec{r} + \Delta \vec{r}$ を $\vec{r} = (x, y, z)$, $\vec{r} + \Delta \vec{r} = (x + \Delta x, y + \Delta y, z + \Delta z)$ とそれぞれ xyz 成分で表すと,

$$T(\vec{r} + \Delta \vec{r}) - T(\vec{r}) = T(x + \Delta x, y + \Delta y, z + \Delta z) - T(x, y, z)$$

$$= \frac{\partial T}{\partial x} \Delta x + \frac{\partial T}{\partial y} \Delta y + \frac{\partial T}{\partial z} \Delta z \quad \longleftarrow \boxed{\text{微分等式①} \\ \text{を用いた.}}$$

$$= \left(\frac{\partial T}{\partial x}, \frac{\partial T}{\partial y}, \frac{\partial T}{\partial z}\right) \cdot (\Delta x, \Delta y, \Delta z) \quad \longleftarrow \boxed{\text{内積の形で} \\ \text{まとめた.}}$$

$$= (\vec{\nabla}T) \cdot \Delta \vec{r}$$

となり，両者を比較することで，次の式を得ます.

$$\vec{h} = \vec{\nabla}T$$

以上より，ベクトル $\vec{h}$ が $\vec{\nabla} \times \vec{h} = \vec{0}$ となるならば，確かに $\vec{h} = \vec{\nabla}T$ を満たす T が存在することが証明できました.

以上の流れをここにまとめておきましょう.

$$\boxed{\vec{\nabla} \times \vec{h} = \vec{0}}$$

$\longleftarrow$ ストークスの定理 $\int_S (\vec{\nabla} \times \vec{h}) \cdot d\vec{S} = \oint_C \vec{h} \cdot d\vec{r}$

$$\boxed{\oint_C \vec{h} \cdot d\vec{r} = 0 \quad \text{（C は閉曲線）}}$$

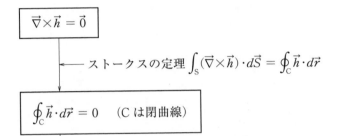

閉曲線の経路 C を考え，経路 C_1，C_2 に分割.

経路 C　　　　分割　　　経路 C_1
　　　　　　　　　　　　経路 C_2

$$\int_{C_1} \vec{h} \cdot d\vec{r} + \int_{C_2} \vec{h} \cdot d\vec{r} = 0 \iff \int_{C_1} \vec{h} \cdot d\vec{r} = -\int_{C_2} \vec{h} \cdot d\vec{r}$$

そして C_1 を経路 A，C_2 と逆向きの経路を経路 B，端の点を始点，終点と名付ける.

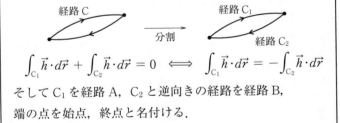

始点と終点が同じ経路の $\vec{h}$ の線積分は，すべて同じ値をとる.

経路 A　終点
始点　　経路 B

$$\int_A \vec{h} \cdot d\vec{r} = \int_B \vec{h} \cdot d\vec{r}$$

$\vec{h}$ の線積分は，始点と終点を決めれば経路によらず値が 1 つに決まる．

始点 $\vec{r}_0$ を基準点とした，終点 $\vec{r}$ の関数 T を
$$T(\vec{r}) = \int_{\vec{r}_0}^{\vec{r}} \vec{h} \cdot d\vec{r} \quad \text{と定義する．}$$

この定義から，当然 $T(\vec{r}_0) = \int_{\vec{r}_0}^{\vec{r}_0} \vec{h} \cdot d\vec{r} = 0$ となる．

微小変位 $\Delta\vec{r}$ ずれた位置の $T(\vec{r})$ と $T(\vec{r} + \Delta\vec{r})$ の差を計算．
- $T(\vec{r} + \Delta\vec{r}) - T(\vec{r})$
$$= \int_{\vec{r}_0}^{\vec{r}+\Delta\vec{r}} \vec{h} \cdot d\vec{r} - \int_{\vec{r}_0}^{\vec{r}} \vec{h} \cdot d\vec{r}$$
$$= \int_{\vec{r}}^{\vec{r}+\Delta\vec{r}} \vec{h} \cdot d\vec{r}$$
$$= \vec{h} \cdot \Delta\vec{r}$$

$\Delta\vec{r}$ は微小なので，その間 $\vec{h}$ は一定とみなせることを用いた．

- $T(\vec{r} + \Delta\vec{r}) - T(\vec{r})$
$$= \frac{\partial T}{\partial x} \Delta x + \frac{\partial T}{\partial y} \Delta y + \frac{\partial T}{\partial z} \Delta z$$

微分等式① を用いた．

$$= \left(\frac{\partial T}{\partial x}, \frac{\partial T}{\partial y}, \frac{\partial T}{\partial z} \right) \cdot (\Delta x, \Delta y, \Delta z)$$

内積の形でまとめた．

$$= (\vec{\nabla} T) \cdot \Delta\vec{r}$$

$\vec{h} = \vec{\nabla} T$ と表せる T が存在する．

📖 **参考**

　ここまでに述べた rot (grad)，div (rot)の関係式は，次のように表で覚えることをお勧めします．

	スカラーへの微分	ベクトルへの微分
スカラーから	微分や偏微分	grad($\vec{\nabla}$)　rot(grad T) = $\vec{0}$
ベクトルから	div($\vec{\nabla} \cdot$)	rot($\vec{\nabla} \times$)　div(rot $\vec{h}$) = 0

📖

P2-3 ラプラシアン

本節では，ラプラシアンについて解説します．この節は難しいので，初学者の人はまずは読み飛ばして先に進み，4-1節まで読み終わった頃に読むのがよいと思います．

◆ ラプラシアン（Laplacian）

ラプラシアンとは，$\triangle$ や ∇^2 という文字で表される演算子であり，次のように定義されます．なお，本書では $\triangle$ という文字を用います．

ラプラシアン

位置 x, y, z の関数であるスカラー T に対して

$$\triangle T = \frac{\partial^2 T}{\partial x^2} + \frac{\partial^2 T}{\partial y^2} + \frac{\partial^2 T}{\partial z^2}$$

位置 x, y, z の関数であるベクトル $\vec{h} = (h_x, h_y, h_z)$ に対して

$$\triangle \vec{h} = \left(\frac{\partial^2 h_x}{\partial x^2} + \frac{\partial^2 h_x}{\partial y^2} + \frac{\partial^2 h_x}{\partial z^2}, \frac{\partial^2 h_y}{\partial x^2} + \frac{\partial^2 h_y}{\partial y^2} + \frac{\partial^2 h_y}{\partial z^2}, \right.$$
$$\left. \frac{\partial^2 h_z}{\partial x^2} + \frac{\partial^2 h_z}{\partial y^2} + \frac{\partial^2 h_z}{\partial z^2} \right)$$

ここから，ラプラシアン自体は

$$\triangle = \frac{\partial^2}{\partial x^2} + \frac{\partial^2}{\partial y^2} + \frac{\partial^2}{\partial z^2}$$

を意味すると考えることができます．

また，ラプラシアン $\triangle$ はナブラ $\vec{\nabla}$ とも違い，スカラーにもベクトルにも演算できるという特徴をもちます．

$$\underset{\text{全体でスカラー}}{\triangle \overset{\text{スカラー}}{T}} \qquad \underset{\text{全体でベクトル}}{\triangle \overset{\text{ベクトル}}{\vec{h}}}$$

そして，スカラーに演算すると全体としてスカラーになり，ベクトルに演算すると全体としてベクトルになります．まるで定数（スカラー）のように振る舞うので，スカラー演算子ともよばれます．

◆ ラプラシアンの満たす関係式

スカラー T に演算するラプラシアン $\triangle T$ とベクトル $\vec{h}$ に演算するラプラシアン $\triangle\vec{h}$ は、それぞれ次の関係式を満たします。1 つは、$\mathrm{div}(\mathrm{rot}\,T) = \vec{\nabla}\cdot(\vec{\nabla}T)$ についての関係式で、もう 1 つは、$\mathrm{rot}(\mathrm{rot}\,\vec{h}) = \vec{\nabla}\times(\vec{\nabla}\times\vec{h})$ についての関係式です。

ラプラシアンの満たす関係式

$$\vec{\nabla}\cdot(\vec{\nabla}T) = \triangle T \qquad\qquad \text{(P2.39)}$$

$$\vec{\nabla}\times(\vec{\nabla}\times\vec{h}) = \vec{\nabla}(\vec{\nabla}\cdot\vec{h}) - \triangle\vec{h} \quad \text{(P2.40)}$$

証明は、単に成分を計算するだけです（Appendix の問題 1-2 を参照）。

また、ラプラシアンは次の性質を満たします。

ラプラシアンの線形性

$$\triangle(aT) = a\triangle T \qquad\qquad\qquad \triangle(a\vec{h}) = a\triangle\vec{h}$$

$$\triangle(T_1 + T_2) = \triangle T_1 + \triangle T_2 \qquad \triangle(\vec{h}_1 + \vec{h}_2) = \triangle\vec{h}_1 + \triangle\vec{h}_2$$

$(a:$ 定数，$T,\ T_1,\ T_2:$ スカラー，$\vec{h},\ \vec{h}_1,\ \vec{h}_2:$ ベクトル$)$

(P2.41)

この性質を満たすことを、ラプラシアンは線形性をもつといいます。証明は、同じく単に成分を計算するだけです（Appendix の問題 1-3 を参照）。

📖 参考

ラプラシアンの満たす関係式は、次のように表で覚えることをお勧めします。

	スカラーへの微分	ベクトルへの微分
スカラーから	微分や偏微分	$\mathrm{grad}(\vec{\nabla})$　$\mathrm{div}(\mathrm{grad}\,T) = \triangle T$
ベクトルから	$\mathrm{div}(\vec{\nabla}\cdot)$	$\mathrm{rot}(\vec{\nabla}\times)$
		$\mathrm{rot}(\mathrm{rot}\,\vec{h}) = \mathrm{grad}(\mathrm{div}\,\vec{h}) - \triangle\vec{h}$

ちなみにラプラシアン及び第 4 章で学ぶラプラス方程式は、フランス人のラプラスが名称の由来です。彼は「ラプラスの悪魔」という概念を提唱したことでも有名で、これについては拙著『講義がわかる 力学』の補足事項§1 を参照して下さい。

📖

Chapter

―電磁気学―

マクスウェル方程式

本章では，1-1 節で電場 $\vec{E}$ や磁束密度 $\vec{B}$ といった基本的な用語について述べた後，1-2 節でそれらを用いて記述されるマクスウェル方程式について解説します．

1-1 基本的な用語の定義

◆ 電 荷

電気にはプラス（＋）とマイナス（－）があり，プラス同士，マイナス同士は反発しますが，プラスとマイナスは引き合います．

←⊕　　⊕→　　プラス同士は反発

←⊖　　⊖→　　マイナス同士も反発

⊕→　←⊕　　プラスとマイナスは引き合う

電気の量である**電気量**は，一般に Q や q という文字を用いて表します．単位は C（クーロン）で，次の 2 つの特徴をもちます．

電気量の特徴

①　最小単位をもつ．

②　正の値も負の値もとる．

---

1 つ目の特徴は，電気量には**電気素量**とよばれる最小の単位

$$e = 1.602176634 \times 10^{-19}\,\mathrm{C}$$

があることです．すべての電気量は，この電気素量の整数倍で表されます．2 つ目の特徴は，電気量は正の値のみならず負の値もとることです（実は他にも特徴はありますが，それは 2-2 節で述べますね）．

✏ コメント

本書では，単に Q や q と書く場合は正も負も両方の値をとるとします．$+Q$ や $+q$ のように ＋ をつけた場合には正の電気量，$-Q$ や $-q$ のように － をつけた場合は負の電気量とします．

　電気をもった物体のことを電荷といいます．なお，「電荷 Q」，「正の電荷」，「負の電荷」と書く場合は，「電気量が Q の電荷」，「電気量が正の電荷」，「電気量が負の電荷」という意味です．

　点とみなせるほどに小さな電荷を点電荷，線とみなせるほどに細長い電荷を線電荷，面上に分布した電荷を面電荷といいます．なお，「点電荷 q」は「電気量 q の点電荷」という意味で，「正の点電荷」は「電気量が正の点電荷」という意味です．

|　　点電荷　　　　　　線電荷　　　　　　　　面電荷|

🖋 コメント

　わかりやすさのため，ここでは「電荷」と「電気量」を区別して定義をしましたが，「電荷」は「電気量」の意味で用いられることもあります．この用語は状況に応じて柔軟に意味をとれるようにしましょう．

◆ 物質の構成

　すべての物質は原子とよばれる粒子からできていて，原子は陽子と中性子からなる原子核と，そのまわりを回るいくつかの電子からできています．これら陽子，中性子，電子のもつ電気量は，それぞれ次のように表されます．

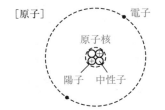

```
┌─ 電気量 ─────────────
│  陽子：$+e$　　中性子：$0$
│  電子：$-e$
│    （$e$：電気素量）
└───────────────────
```

　物質が電気をもつことを「物質が電気を帯びた」とか「物質が帯電した」といいますが，これは一方の物質から他方の物質へと電子が移動することによっておこります．

🖋 コメント

　すべての物質は原子からできているので，電気量は，質量と同じくすべての物質のもっている根本的な特徴の１つといえます．なお，電気の英語 electricity はギリシア語の「琥珀」が語源で，琥珀を絹や毛布でこすると麦わらの切れ端などを引きつけることが古代ギリシア時代から知られていたことがその由来です．

◆ 電荷密度

　時刻 t において位置ベクトル $\vec{r}$ で表される体積 ΔV の微小領域の中に，電気量 ΔQ が含まれているとき，「単位体積あたりの電気量」である電荷密度 ρ は次のように定義されます．

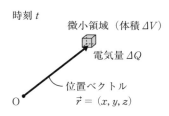

電荷密度 $\rho(\vec{r}, t)$

$$\rho(\vec{r}, t) = \lim_{\Delta V \to 0} \frac{\Delta Q}{\Delta V}$$

（ΔQ：微小体積 ΔV 内の電気量）

　ここで，$\displaystyle\lim_{\Delta V \to 0}$ は ΔV を限りなくゼロに近づけることを表します．また，ρ は位置 $\vec{r}$ のみならず時刻 t によっても値が変わるので，$\vec{r}$ と t の関数 $\rho(\vec{r}, t)$ になります．

 コメント

　電荷密度とは，ざっくりいうと「電気量÷体積」のことです．もっというと，「体積をかけると（かけ算をすると）電気量になるもの」のことです．なお，「電荷密度」は，より正確には「電気量密度」とよぶべき量ですが，ここでは慣習に従って「電荷密度」とよぶことにします．

> 密度は「質量÷体積」，電荷密度は「電気量÷体積」

[例題 1-1]

　半径 R の球に電荷密度 ρ の電荷が一様に分布しています．このとき，球全体がもつ電気量 Q を求めなさい．

[解]

　電荷密度が一様な場合には，電気量 ＝ 電荷密度 × 体積 と表されるので，

$$Q = \rho \times \frac{4}{3}\pi R^3 = \frac{4\pi\rho R^3}{3}$$

　例題 1-1 では，領域内において電荷密度が一様な場合について学びました．次は，領域内において電荷密度がさまざまに変化する場合として，次の例題 1-2 を考えてみましょう．

[例題 1-2]

図のように，体積がそれぞれ ΔV_1, ΔV_2, ΔV_3, ΔV_4 の領域 1 ～ 4 で構成される領域 V があります．各領域内で電荷密度 ρ_1, ρ_2, ρ_3, ρ_4 が一定値をとるとき，領域 V 内の電気量 Q を求めなさい．

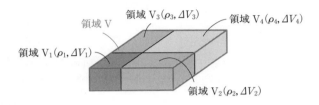

[解]

電荷密度が一定の領域ごとに電荷密度 × 体積を計算し，たし算をすれば求まります．

$$Q = \rho_1\,\Delta V_1 + \rho_2\,\Delta V_2 + \rho_3\,\Delta V_3 + \rho_4\,\Delta V_4$$

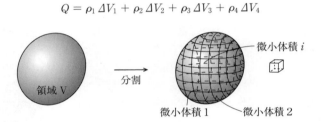

領域 V がどんな形をしていても，電荷密度が一定値をとるとみなせるぐらいの微小な領域に分割して，それらの集まりを領域 V とみなすことで，領域 V 内の電気量は，

$$Q = \rho_1\,\Delta V_1 + \rho_2\,\Delta V_2 + \rho_3\,\Delta V_3 + \cdots + \rho_i\,\Delta V_i + \cdots = \lim_{N\to\infty}\sum_{i=1}^{N}\rho_i\,\Delta V_i$$

で求めることができます．これは(P1.11) ～ (P1.13)で学んだ体積積分の定義そのものなので，まとめて

$$Q = \int_V \rho\,dV$$

と表すことができます．

┌─**電荷と電荷密度の関係**─────────────────┐

$$Q = \int_V \rho\,dV \quad (Q：領域\text{ V }内の電気量,\ \rho：電荷密度) \tag{1.1}$$

└──────────────────────────────┘

また，時刻 t において位置ベクトル $\vec{r}$ で表される面積 ΔS の微小面の中に，電気量 ΔQ が含まれるとき，「単位面積あたりの電気量」である**面電荷密度** $\overset{\text{シグマ}}{\sigma}$ は次のように定義されます．

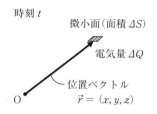

時刻 t
微小面(面積 ΔS)
電気量 ΔQ
位置ベクトル
$\vec{r} = (x, y, z)$

┌─ **面電荷密度** $\sigma(\vec{r}, t)$ ─┐

$$\sigma(\vec{r}, t) = \lim_{\Delta S \to 0} \frac{\Delta Q}{\Delta S}$$

（ΔQ：微小面積 ΔS 内の電気量）

ここで，$\lim_{\Delta S \to 0}$ は ΔS を限りなくゼロに近づけることを表します．また，σ は位置 $\vec{r}$ のみならず時刻 t によっても値が変わるので，$\vec{r}$ と t の関数 $\sigma(\vec{r}, t)$ になります．

🖊 コメント

面電荷密度とは，ざっくりいうと「電気量 ÷ 面積」のことです．もっというと，「面積をかけると(かけ算をすると)電気量になるもの」のことです． 🖊

[例題 1-3]

面積 S の板に面電荷密度 σ の電荷が一様に分布しています．このとき，板全体がもつ電気量 Q を求めなさい．

板

[解]

面電荷密度が一様な場合には，電気量 ＝ 面電荷密度 × 面積 と表されるので，

$$Q = \sigma S$$

🖋

また，時刻 t において位置ベクトル $\vec{r}$ で表される長さ Δl の微小線分の中に，電気量 ΔQ が含まれているとき，「単位長さあたりの電気量」である**線電荷密度** $\overset{\text{ラムダ}}{\lambda}$ は次のように定義されます．

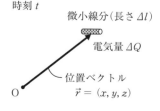

時刻 t
微小線分(長さ Δl)
電気量 ΔQ
位置ベクトル
$\vec{r} = (x, y, z)$

┌─ **線電荷密度** $\lambda(\vec{r}, t)$ ─┐

$$\lambda(\vec{r}, t) = \lim_{\Delta l \to 0} \frac{\Delta Q}{\Delta l}$$

（ΔQ：微小長さ Δl 内の電気量）

ここで，$\lim\limits_{\Delta l \to 0}$ は Δl を限りなくゼロに近づけることを表します．また，λ は位置 $\vec{r}$ のみならず時刻 t によっても値が変わるので，$\vec{r}$ と t の関数 $\lambda(\vec{r}, t)$ になります．

🖉 コメント

線電荷密度とは，ざっくりいうと「電気量 ÷ 長さ」のことです．もっというと，「長さをかけると(かけ算をすると)電気量になるもの」のことです． 🖉

[例題 1-4]

長さ L の棒に線電荷密度 λ の電荷が一様に分布しています．このとき，棒全体がもつ電気量 Q を求めなさい．

[解]

線電荷密度が一様な場合には，電気量 ＝ 線電荷密度 × 長さ と表されるので，

$$Q = \lambda L$$ ✒️

◆ 電 流

微小時間 Δt の間に，ある面を大きさ ΔQ の電気量が貫くとき，電流の大きさ I を

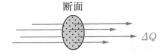

$$I = \lim_{\Delta t \to 0} \frac{\Delta Q}{\Delta t}$$

と定義します．単位は A です．この定義から，面を流れる電流の大きさは

「面を単位時間あたりに通過する電気量の大きさ」

と考えることができます．

[例題 1-5]

断面 S に大きさ $I = 3.0$ A の一定の電流が $\Delta t = 4.0$ s 流れたとき，断面 S を通過した電気量の大きさ ΔQ を求めなさい．

[解]

$$\Delta Q = I\,\Delta t = 3.0\,\text{A} \times 4.0\,\text{s} = 12\,\text{C}$$ ✒️

電流の向きは，正の電荷の場合は電荷の流れと同じ向きとし，負の電荷の場合は電荷の流れと逆向きとします．たとえば導線を流れる電流は，負の電荷である電子によるものなので，電子の流れる向きと電流の向きは逆向きになります．

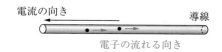

ここで，電流の大きさと向きを下にまとめます．

電流

  大きさ：面を単位時間あたりに通過する電気量の大きさ

  向　き：正の電荷の場合 → 電荷の流れと同じ向き

  　　　　負の電荷の場合 → 電荷の流れと逆向き

また，電流は向きも含めて電流ベクトルと呼ばれるベクトル $\vec{I}$ で定義することもあり，電流の大きさ I と単位ベクトル $\vec{i}$ を用いて，次の式で表します．

$$\vec{I} = I\vec{i} \tag{1.2}$$

この $\vec{I}$ の向きは，正の電荷なら電荷の流れと同じ向き，負の電荷なら電荷の流れと逆向きにとります．

◆ 電流密度

電流密度 $\vec{j} = \vec{j}(\vec{r}, t)$ は，時刻 t と位置ベクトル $\vec{r}$ によって値が1つに決まる，次の性質をもつベクトルです．

電流密度 $\vec{j}$

  ・向きが，電流の向き（電荷の流れる向き）を表す．

  ・単位法線ベクトル $\vec{n}$ で表の向きを指定される面
  　に対して，$\vec{j} \cdot \vec{n}$ がその面を表向きに単位時間，
  　単位面積あたりに通過する電気量を表す．

🖉 コメント

前項で述べたように「面を単位時間あたりに通過する電気量」は「面を流れる電流」を意味しました．そのため，「$\vec{j} \cdot \vec{n}$ がその面を単位時間，単位面積あたりに通過する電気量」は「$\vec{j} \cdot \vec{n}$ がその面を流れる単位面積あたりの電流」といいかえができます．

　電流密度の定義は複雑なので，例題を解きながら理解していきましょう．

[例題 1-6]

　単位法線ベクトル $\vec{n} = (1, 0, 0)$ でその表向きが指定
される面積 S の面 S 上で，図のように $\vec{n}$ と同じ向きに
一様な電流密度 $\vec{j} = (j, 0, 0)$ があるとき，以下の問に
答えなさい．

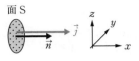

(1)　面 S を表向きに単位時間，単位面積あたりに通過する電気量を求めなさい．

(2)　面 S を表向きに単位時間あたりに通過する電気量，すなわち面 S を流れる電流
　　 I を求めなさい．

(3)　面 S を表向きに微小時間 Δt の間に通過する電気量の大きさ ΔQ を求めなさい．

[解]

(1)　$\vec{j} \cdot \vec{n}$ を計算すれば求まります．
$$\vec{j} \cdot \vec{n} = (j, 0, 0) \cdot (1, 0, 0) = j$$

(2)　問題文に「一様な」とあるので，$\vec{j} \cdot \vec{n}\,S$ を計算すれば求まります．
$$I = \vec{j} \cdot \vec{n}\,S = (j, 0, 0) \cdot (1, 0, 0)S = jS$$

(3)　$\vec{j} \cdot \vec{n}\,S\,\Delta t$ を計算すれば求まります．
$$\Delta Q = \vec{j} \cdot \vec{n}\,S\,\Delta t = (j, 0, 0) \cdot (1, 0, 0)S\,\Delta t = jS\,\Delta t$$

　このように，$\vec{j}$ と $\vec{n}$ が同じ向きの場合には，$\vec{j}$ の大きさ j は
「$\vec{n}$ で指定される面を単位時間，単位面積あたりに通過する電気量の大きさ」
と考えることができます．

　続いて，$\vec{j}$ と $\vec{n}$ の向きが違う場合として，次の例題を考えてみましょう．

[例題 1-7]

　単位法線ベクトル $\vec{n} = (1, 0, 0)$ でその表向きが指定
される面積 S の面 S 上で，図のように $\vec{n}$ に対して角度
θ をなす方向に一様な電流密度 $\vec{j} = (j\cos\theta, j\sin\theta, 0)$
があるとき，以下の問に答えなさい．

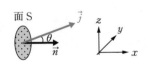

(1)　面 S を表向きに単位時間，単位面積あたりに通過する電気量を求めなさい．

(2)　面 S を表向きに単位時間あたりに通過する電気量，すなわち面 S を流れる電流
　　 I を求めなさい．

(3)　面 S を表向きに微小時間 Δt の間に通過する電気量の大きさ ΔQ を求めなさい．

[解]

(1) $\vec{j}\cdot\vec{n}$ を計算すれば求まります.
$$\vec{j}\cdot\vec{n} = (j\cos\theta, j\sin\theta, 0)\cdot(1,0,0) = j\cos\theta$$

(2) 問題文に「一様な」とあるので,$\vec{j}\cdot\vec{n}\,S$ を計算すれば求まります.
$$I = \vec{j}\cdot\vec{n}\,S = (j\cos\theta, j\sin\theta, 0)\cdot(1,0,0)S = jS\cos\theta$$

(3) $\vec{j}\cdot\vec{n}\,S\,\varDelta t$ を計算すれば求まります.
$$\varDelta Q = \vec{j}\cdot\vec{n}\,S\,\varDelta t = (j\cos\theta, j\sin\theta, 0)\cdot(1,0,0)S\,\varDelta t = jS\,\varDelta t\cos\theta$$

このように,$\vec{j}$ と $\vec{n}$ が角度 θ をなす場合には,$\vec{j}\cdot\vec{n} = j\cos\theta$ は

「$\vec{n}$ で指定される面を単位時間,単位面積あたりに通過する電気量」

と考えることができます.

ここまでは,電流密度が面上で一様な場合についての例題でした.次は,面上において電流密度がさまざまに変化する場合として,次の例題を考えてみましょう.

[例題 1-8]

図のように,面積がそれぞれ $\varDelta S_1$, $\varDelta S_2$, $\varDelta S_3$, $\varDelta S_4$ の平面 1 ～ 4 で構成される面 S があります.各平面上で電流密度 $\vec{j_1}$, $\vec{j_2}$, $\vec{j_3}$, $\vec{j_4}$ が一様であり,各々の平面の表向きを指定する単位法線ベクトル $\vec{n_1}$, $\vec{n_2}$, $\vec{n_3}$, $\vec{n_4}$ に対して θ_1, θ_2, θ_3, θ_4 の角度をなすとします.このとき,以下の問に答えなさい.

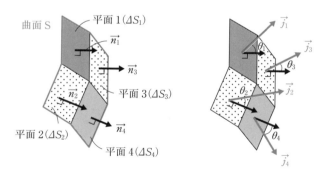

(1) 面 S を単位時間あたりに通過する電気量,すなわち面 S を流れる電流 I を,j_1, j_2, j_3, j_4 と θ_1, θ_2, θ_3, θ_4 と $\varDelta S_1$, $\varDelta S_2$, $\varDelta S_3$, $\varDelta S_4$ を用いて求めなさい.

(2) (1)で求めた電流 I を,$\vec{j_1}$, $\vec{j_2}$, $\vec{j_3}$, $\vec{j_4}$ と $\vec{n_1}$, $\vec{n_2}$, $\vec{n_3}$, $\vec{n_4}$ と $\varDelta S_1$, $\varDelta S_2$, $\varDelta S_3$, $\varDelta S_4$ を用いて求めなさい.

[解]

(1) $\vec{j}$ が各々一様な平面ごとに $j\cos\theta\,\Delta S$ を計算してたし算をすれば求まります.

$$I = j_1\cos\theta_1\,\Delta S_1 + j_2\cos\theta_2\,\Delta S_2 + j_3\cos\theta_3\,\Delta S_3 + j_4\cos\theta_4\,\Delta S_4$$

(2) $\vec{j}\cdot\vec{n}$ は,

$$\vec{j}\cdot\vec{n} = |\vec{j}|\,|\vec{n}|\cos\theta = j\times 1\times\cos\theta = j\cos\theta$$

となることを用いて(1)を変形すれば求まります.

$$I = \vec{j_1}\cdot\vec{n_1}\,\Delta S_1 + \vec{j_2}\cdot\vec{n_2}\,\Delta S_2 + \vec{j_3}\cdot\vec{n_3}\,\Delta S_3 + \vec{j_4}\cdot\vec{n_4}\,\Delta S_4$$

面 S がどんな曲面であっても,電流密度が一定値をとるとみなせるぐらいの微小な平面に分割して,それらの集まりを面 S とみなすことで,面 S を流れる電流は,

$$I = \vec{j_1}\cdot\vec{n_1}\,\Delta S_1 + \vec{j_2}\cdot\vec{n_2}\,\Delta S_2 + \vec{j_3}\cdot\vec{n_3}\,\Delta S_3 + \cdots + \vec{j_i}\cdot\vec{n_i}\,\Delta S_i + \cdots$$

$$= \lim_{N\to\infty}\sum_{i=1}^{N}\vec{j_i}\cdot\vec{n_i}\,\Delta S_i$$

で求めることができます.これは(P1.16)で述べた面積積分の定義そのものなので,まとめて

$$I = \int_{S}\vec{j}\cdot\vec{n}\,dS$$

と表すことができますし,$\vec{n_i}\,\Delta S_i$ をまとめて $\Delta\vec{S_i}$ と書くと

$$I = \vec{j_1}\cdot\Delta\vec{S_1} + \vec{j_2}\cdot\Delta\vec{S_2} + \vec{j_3}\cdot\Delta\vec{S_3} + \cdots + \vec{j_i}\cdot\Delta\vec{S_i} + \cdots$$

$$= \lim_{N\to\infty}\sum_{i=1}^{N}\vec{j_i}\cdot\Delta\vec{S_i}$$

となることより,

$$I = \int_{S}\vec{j}\cdot d\vec{S}$$

と表すこともできます((P1.14)〜(P1.19)を参照).

このように面 S 上で電流密度がさまざまに変化する場合は,面 S 上で電流密度を面積積分($\int_{S}\vec{j}\cdot\vec{n}\,dS = \int_{S}\vec{j}\cdot d\vec{S}$)で計算すれば,面 S を単位時間あたりに通過する電気量,すなわち面 S を流れる電流が求まります.

電流と電流密度との関係

$$I = \int_{S}\vec{j}\cdot d\vec{S} \quad (I:面 S を流れる電流,\vec{j}:電流密度) \tag{1.3}$$

◆ 電荷密度と電流密度の関係

　面を通過する電気量に注目することで，電荷密度と電流密度の関係を調べましょう．

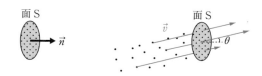

　位置 $\vec{r}$ に微小面積 ΔS の面 S があり，そこを時刻 t から時刻 $t + \Delta t$ までの間に電荷の集団が一様に速度 $\vec{v}$ で通過するとします（Δt は微小時間）．また，このとき $\vec{v}$ と面 S の単位法線ベクトル $\vec{n}$ のなす角度を θ とします．

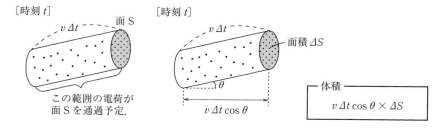

　この時刻 t から時刻 $t + \Delta t$ までの間に通過する予定の電荷は，時刻 t においては図のように面 S から距離 $v\,\Delta t$ だけ離れた位置までの範囲にあります．この範囲の電気量を ΔQ と書くと，ΔQ は体積 $v\,\Delta t \cos\theta \times \Delta S$ に電荷密度 ρ をかけ算することで，

$$\Delta Q = \rho \times v\,\Delta t \cos\theta \times \Delta S$$

と求まります．この ΔQ の式は，$\vec{v}$ と $\vec{n}$ の内積が

$$\vec{v}\cdot\vec{n} = |\vec{v}||\vec{n}|\cos\theta = v\cos\theta$$

と同値変形できることを用いれば，

$$\Delta Q = \rho\vec{v}\cdot\vec{n}\,\Delta S\,\Delta t \tag{1.4}$$

と表すこともできます．

┌─ 時間 Δt の間に通過する電気量 ─┐
　　$\vec{j}\cdot\vec{n}\,\Delta S\,\Delta t$

また一方で，この時刻 t から時刻 $t + \Delta t$ までの間に面 S を通過する電気量 ΔQ は，前項で述べたように電流密度 $\vec{j}$ の定義から，

$$\Delta Q = \vec{j} \cdot \vec{n}\, \Delta S\, \Delta t \tag{1.5}$$

と表すこともできました．これら (1.4) と (1.5) を比較すれば，

$$\vec{j} = \rho \vec{v}$$

という非常に重要な関係式を得ます．この関係式を下にまとめます．なお，電流密度 $\vec{j}$ も電荷密度 ρ もともに位置 $\vec{r}$ と時刻 t によって決まる量なので，$\vec{j} = \vec{j}(\vec{r}, t)$，$\rho = \rho(\vec{r}, t)$ と表しました．また，$\vec{v}$ は電荷の集団の一様な速度のことですが，位置 $\vec{r}$ にある微小領域全体の時刻 t における速度とみなすことができるので，$\vec{v} = \vec{v}(\vec{r}, t)$ と表しました．

> **電荷密度と電流密度の関係**
>
> $$\vec{j}(\vec{r}, t) = \rho(\vec{r}, t) \vec{v}(\vec{r}, t) \tag{1.6}$$
>
> 電流密度　　電荷密度　　速度

[例題 1-9]

点電荷の集団が面 S に垂直になるように，一様な速さ v で右向きに通過する状況を考えます．面 S の面積を S，点電荷の電気量

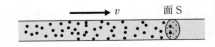

を $+q$，個数密度(すなわち，単位体積あたりの個数)を n とするとき，以下の問に答えなさい．

(1) 電荷密度 ρ を求めなさい．

(2) 面 S を通過する電流密度 $\vec{j}$ の大きさ j と向きを求めなさい．

(3) 面 S を通過する電流の大きさ I と向きを求めなさい．

[解]

(1) 単位体積あたりの点電荷が n 個あることと，点電荷 1 個あたりの電気量が $+q$ であることより，単位体積あたりの電気量である電荷密度 ρ は，

　　$\rho = n \times (+q) = nq.$

(2) $\vec{j} = \rho \vec{v}$ で，(1) より $\rho = nq$ と表せることより，$\vec{j} = nq\vec{v}.$

　　よって，$\vec{j}$ の大きさは $j = nqv$，向きは $\vec{v}$ と同じ向きで右向き．

(3) $\vec{j}$ が面 S に垂直で一様であることより，$I = \int_S \vec{j} \cdot d\vec{S} = jS.$

　　これに (2) の答を代入して，$I = nqvS$，向きは $\vec{v}$ と同じ向きで右向き．

　なお，たとえば陽イオン(すなわち電子がなくなり正の電気量を帯びた原子)と電子のように正，負の2種類の電荷があり，それぞれの電荷密度が $\rho_+(\vec{r}, t)$，$\rho_-(\vec{r}, t)$，速度が $\vec{v}_+(\vec{r}, t)$，$\vec{v}_-(\vec{r}, t)$ と表せる場合においても，同様の考察により，位置 $\vec{r}$，時刻 t における電流密度 $\vec{j}(\vec{r}, t)$ は，次のように表すことができます.

電荷密度と電流密度の関係(2種類の電荷)

$$\underset{\text{電流密度}}{\vec{j}(\vec{r}, t)} = \underset{\text{電荷密度}}{\rho_+(\vec{r}, t)}\,\underset{\text{速度}}{\vec{v}_+(\vec{r}, t)} + \underset{\text{電荷密度}}{\rho_-(\vec{r}, t)}\,\underset{\text{速度}}{\vec{v}_-(\vec{r}, t)}$$

　電流が流れている導線を考えるとき，導線内は，規則正しく整列している陽イオンの間を電子が流れています．そこで，陽イオンと電子の電荷密度を $\rho_{陽イオン}(\vec{r}, t)$，$\rho_{電子}(\vec{r}, t)$，平均速度を $\vec{v}_{陽イオン}(\vec{r}, t)$，$\vec{v}_{電子}(\vec{r}, t)$ とすると，導線全体の電荷密度 $\rho(\vec{r}, t)$ と電流密度 $\vec{j}(\vec{r}, t)$ は，

$$\rho(\vec{r}, t) = \rho_{陽イオン}(\vec{r}, t) + \rho_{電子}(\vec{r}, t)$$
$$\vec{j}(\vec{r}, t) = \rho_{陽イオン}(\vec{r}, t)\,\vec{v}_{陽イオン}(\vec{r}, t) + \rho_{電子}(\vec{r}, t)\,\vec{v}_{電子}(\vec{r}, t)$$

と表せますが，陽イオンは導線内部で整列しており，その平均的な速度 $\vec{v}_{陽イオン}(\vec{r}, t)$ はゼロとみなせるので，結果として，$\vec{j}(\vec{r}, t)$ については，

$$\vec{j}(\vec{r}, t) = \rho_{陽イオン}(\vec{r}, t) \times \vec{0} + \rho_{電子}(\vec{r}, t)\,\vec{v}_{電子}(\vec{r}, t)$$
$$= \rho_{電子}(\vec{r}, t)\,\vec{v}_{電子}(\vec{r}, t)$$

となります．このことから，導線全体の電流密度を考えるときには，陽イオンの電荷密度と平均速度を考える必要はなく，電子の電荷密度と平均速度を考えればよいことがわかります.

✎ コメント

　この導線の例のように正，負の2種類の電荷があり，さらに $\rho_+(\vec{r}, t) = -\rho_-(\vec{r}, t)$ で $\vec{v}_+(\vec{r}, t) = 0$ の場合には，全体の電荷密度 $\rho(\vec{r}, t)$ と電流密度 $\vec{j}(\vec{r}, t)$ が

$$\rho(\vec{r}, t) = \rho_+(\vec{r}, t) + \rho_-(\vec{r}, t) = -\rho_-(\vec{r}, t) + \rho_-(\vec{r}, t) = 0$$
$$\vec{j}(\vec{r}, t) = \rho_+(\vec{r}, t)\,\vec{v}_+(\vec{r}, t) + \rho_-(\vec{r}, t)\,\vec{v}_-(\vec{r}, t) = \rho_-(\vec{r}, t)\,\vec{v}_-(\vec{r}, t) \neq \vec{0}$$

となり，$\rho(\vec{r}, t) = 0$ であっても $\vec{j}(\vec{r}, t) \neq \vec{0}$ となることがあります．このことは，電気的に中性な状態($\rho = 0$ の状態)であっても，電流が生じ得ること($\vec{j} \neq \vec{0}$ となり得ること)を意味します.

◆ 電 場

電場(電界ともいいます) $\vec{E}$ とは，空間の各点で定義されるベクトル場です．空間の各点 に電気量 q の電荷をおくときに，その電気量に応じて

電場 $\vec{E}$

$$\vec{F} = q\vec{E}$$

(q：電荷の電気量，$\vec{F}$：電荷が受ける力)

(1.7)

という式で表される力 $\vec{F}$ を電荷が受けるとき，その空間には電場 $\vec{E}$ があるといいます．具体例を次に示します．

①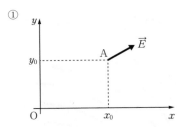

たとえば点 $A(x_0, y_0)$ における電場 $\vec{E}$ が
図のような向きと大きさの場合において

②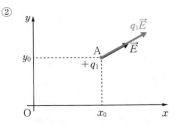

もしもこの点 A に点電荷 $+q_1$ をおくと
この点電荷は $q_1\vec{E}$ という力を受ける．

③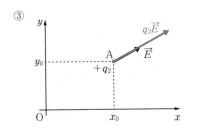

もしもこの点 A に点電荷 $+q_2$ をおくと
この点電荷は $q_2\vec{E}$ という力を受ける．

④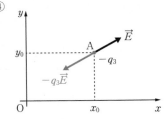

もしもこの点 A に点電荷 $-q_3$ をおくと
この点電荷は $-q_3\vec{E}$ という力を受ける．

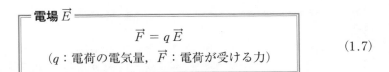

電場とは，電荷をおいたら電荷に力を与えるもの．

ここから，電場とは，ざっくりいえば「単位電荷あたりの力」と考えることができます．また，一般に電場は位置 $\vec{r}$ と時刻 t に応じて値を変えるベクトル場なので，$\vec{E} = \vec{E}(\vec{r}, t)$ と表します．なお，単位は N/C（ニュートン・パー・クーロン）です．

[例題 1-10]

　ある領域に，右向きに一様な大きさ E の電場をかけます．その中に(1)，(2)の粒子をおく場合に，それぞれの粒子が電場から受ける力の向きと大きさを求めなさい．

(1)　点電荷(電気量 $+q$)をおく場合　　(2)　電子(電気量 $-e$)をおく場合

[解]

(1)　$+q>0$ より，力は電場と同じ向きになるので，右向きに，大きさ qE

(2)　$-e<0$ より，力は電場と逆向きになるので，左向きに，大きさ eE

✎ コメント

　「電場」と「電界」は，まったく同じ意味です．理学系では「電場」，工学系では「電界」ということが一般的です．どちらも英語では「Electric Field」といいます． ✎

　空間の各点の電場を線のようにつなげたものを**電気力線**といい，次のように定義します．

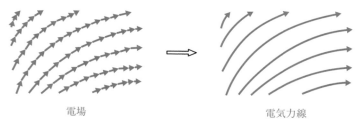

電場　　　　　　　　　　　　　　電気力線

```
┌─ 電気力線 ─────────────────────────┐
│                                              │
│　向き：電場の向き                            │
│　単位面積あたりの本数：電場の大きさ          │
│                                              │
└──────────────────────────────────────┘
```

　ただし，想定する面は電気力線に対して垂直とします．この電気力線の本数と電場の大きさの関係を式で表すと，想定する(電気力線に垂直な)微小面に対して

$$\text{電場の大きさ} = \frac{\text{電気力線の本数}}{\text{面積}} \tag{1.8}$$

となります．

　　　　　　　　　　　　　　┌──────────────────────┐
　　　　　　　　　　　　　　│ 電場をつないだ線が電気力線． │
　　　　　　　　　　　　　　└──────────────────────┘

◆ 磁束密度

磁束密度 $\vec{B}$ は電場 $\vec{E}$ と同様, 空間の各点で定義されるベクトル場であり, 次の式で定義されます(外積記号「×」は(P1.3)を参照). なお, 単位は T です.

磁束密度 $\vec{B}$

$$\vec{F} = q\vec{v} \times \vec{B}$$

(q：電荷の電気量, $\vec{v}$：電荷の速度, $\vec{F}$：電荷が受ける力)

(1.9)

空間の各点で電気量 q の電荷に速度 $\vec{v}$ を与えたときに, その電気量と速度に応じて上の式で表されるような力 $\vec{F}$ を受けるとき, その空間には磁束密度 $\vec{B}$ があるといいます. ここから, 磁束密度とはざっくりいえば「単位電荷, 単位速度あたりの力」と考えることができます. また, 磁束密度は位置 $\vec{r}$ と時刻 t に応じて値を変えるベクトル場なので, $\vec{B} = \vec{B}(\vec{r}, t)$ と表します.

[例題 1-11]

図のように x, y, z 軸をとり, z 軸の正の向きに一様な大きさ B の磁束密度をかけます. その中で(1), (2)のように粒子に初速を与えた直後において, それぞれの粒子が磁束密度から受ける力の向きと大きさを求めなさい.

(1)　点電荷(電気量 $+q$)に, y 軸の正の向きに初速 v_0 を与えた場合

(2)　電子(電気量 $-e$)に, x 軸の正の向きに初速 v_0 を与えた場合

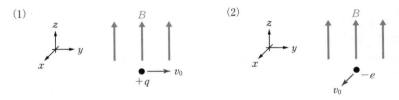

[解]

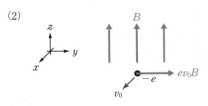

x 軸の正の向きに, 大きさ qv_0B

y 軸の正の向きに, 大きさ ev_0B

　なお，磁束密度 $\vec{B}$ は電場と同じく非常に基本的な「場」であることから，大学では，この $\vec{B}$ を「磁場」ということも多いです．また，電気力線と同様に，磁束密度を線のようにつなげたものを磁束線といいます．

◆ ローレンツ力

　(1.7)の電場の定義 $\vec{F} = q\vec{E}$ と(1.9)の磁束密度の定義 $\vec{F} = q\vec{v}\times\vec{B}$ を合わせた力 $\vec{F} = q\vec{E} + q\vec{v}\times\vec{B}$ をローレンツ力といいます．このローレンツ力が，電場および磁束密度の定義を表す式だと考えることができます．

ローレンツ力 $\vec{F}$

$$\vec{F} = q(\vec{E} + \vec{v}\times\vec{B})$$

（q：電荷の電気量，$\vec{v}$：電荷の速度，$\vec{F}$：電荷が受ける力）

(1.10)

　なお，磁束密度 $\vec{B}$ のみによる力 $\vec{F} = q\vec{v}\times\vec{B}$ のことを，ローレンツ力とよぶこともあります．

✎ コメント

　ローレンツ力 $\vec{F} = q(\vec{E} + \vec{v}\times\vec{B})$ の式を通じて電場 $\vec{E}$ と磁束密度 $\vec{B}$ が測定できるということを，このローレンツ力の式は「法則」として述べているとも解釈ができます．そのように解釈する場合には，このローレンツ力の式は基本法則という位置づけになります．

🚩 発展　電場や磁束密度の測定の仕方

　まず，電子の存在を認め，その電気量を $-e$ と定めます．そして，空間のある点に電子を静かにおき，この電子が受ける力（から重力の影響を除いたもの）を測定しておきます．その後，電子を取り除いた同じ点に別の物体をおき，受ける力を同様にして測定すると，その力は電子の受ける力の整数倍になります．ここから，その物体の電気量を決めることができます．これを繰り返していくことで，さまざまな物体の電気量を決めていくことができます．

　その上で，今度は空間のさまざまな点で電気量が定まった物体をおくと，各点ごとに違う力を受けることがわかります．そこから，この各点に電場というものが存在することがわかります．このようにして，電気量から電場を決定していきます．そして，その点においた物体を動かすことにより，磁束密度が存在することがわかり，ここから磁束密度を決めていくことができます．

1-2 マクスウェル方程式

◆ マクスウェル方程式

マクスウェル方程式とは，電場 $\vec{E}$，磁束密度 $\vec{B}$，電荷密度 ρ，電流密度 $\vec{j}$ についての相互の関係（相関関係）を表す次の 4 つの方程式のことです．

> **マクスウェル方程式**
>
> $$① \quad \vec{\nabla}\cdot\vec{E} = \frac{\rho}{\varepsilon_0} \qquad ② \quad \vec{\nabla}\times\vec{E} = -\frac{\partial\vec{B}}{\partial t}$$
>
> $$③ \quad \vec{\nabla}\cdot\vec{B} = 0 \qquad ④ \quad \vec{\nabla}\times\vec{B} = \mu_0\vec{j} + \varepsilon_0\mu_0\frac{\partial\vec{E}}{\partial t}$$
>
> (1.11)

ここで，ε_0 は真空の誘電率（または電気定数）とよばれる定数で $\varepsilon_0 = 8.854\cdots \times 10^{-12}$ F/m という値をもちます．また，μ_0 は真空の透磁率（または磁気定数）とよばれる定数で $\mu_0 = 1.256\cdots \times 10^{-6}$ N/A^2 という値をもちます．

このマクスウェル方程式と，電場と磁束密度の定義であるローレンツ力の式

$$\vec{F} = q(\vec{E} + \vec{v}\times\vec{B})$$

によって，電磁気学のすべての現象を説明できます．

✏ **コメント**

マクスウェル方程式のざっくりとしたイメージは，次のようになります．

① $\vec{E}$ の ✳✳ の法則　　② $\vec{E}$ の ◯◯ の法則

③ $\vec{B}$ の ✳✳ の法則　　④ $\vec{B}$ の ◯◯ の法則

1 番目の法則は，電場 $\vec{E}$ が湧き出したり，吸い込んだりする形をするときの法則で，2 番目の法則は，電場 $\vec{E}$ が回転する形をするときの法則です．3 番目の法則は，磁束密度 $\vec{B}$ が湧き出したり，吸い込んだりする形をするときの法則で，4 番目の法則は，磁束密度 $\vec{B}$ が回転する形をするときの法則です．

ちなみに，ε_0 と μ_0 と光速 c の間には $\varepsilon_0\mu_0 c^2 = 1$ という関係があり，この関係を用いてマクスウェル方程式を書き換えることもできます（5 章の発展を参照）．✏

◆ マクスウェル方程式①

(1.11)の1番目のマクスウェル方程式は**ガウスの法則**とよばれる法則で，電場の湧き出し，吸い込みがあるときは電荷(電荷密度)が存在していることを意味しています．本書では，**マクスウェル方程式①**と表すことにします．

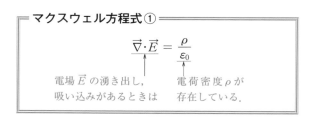

=マクスウェル方程式①=

$$\vec{\nabla} \cdot \vec{E} = \frac{\rho}{\varepsilon_0}$$

電場 $\vec{E}$ の湧き出し，　　　電荷密度 ρ が
吸い込みがあるときは　　　存在している．

ε_0 は真空の誘電率とよばれる定数．

電荷密度 ρ が正の場合は $\vec{\nabla} \cdot \vec{E} > 0$ となり，これは，正の電荷のまわりには電場 $\vec{E}$ の湧き出しが生じていることを意味しています((P1.9)を参照)．一方，電荷密度 ρ が負の場合は $\vec{\nabla} \cdot \vec{E} < 0$ となり，これは，負の電荷のまわりには電場 $\vec{E}$ の吸い込みが生じていることを意味しています．

次の図は，点電荷と面電荷(すなわち，平面上に分布した電荷)のまわりの電場のようすを示しています．正の電荷のまわりには電場の湧き出しがあり，負の電荷のまわりには電場の吸い込みがありますね．

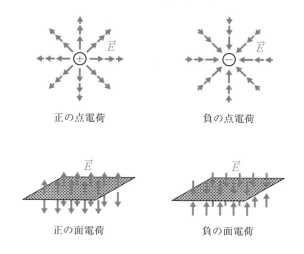

正の点電荷　　　　　　　負の点電荷

正の面電荷　　　　　　　負の面電荷

◆ マクスウェル方程式②

　(1.11)の2番目のマクスウェル方程式は**ファラデーの法則**とよばれる法則で，電場が回るときは磁束密度が時間変化していることを意味しています．本書では，**マクスウェル方程式②**と表すことにします．

> **マクスウェル方程式②**
>
> $$\vec{\nabla}\times\vec{E} = -\frac{\partial \vec{B}}{\partial t}$$
>
> 電場 $\vec{E}$ が回るときは　　磁束密度 $\vec{B}$ が時間変化している.

　電場 $\vec{E}$ の向きと $-\partial\vec{B}/\partial t$ の向きは，右ねじの回る向きと進む向きに対応しています（ローテーションの意味のまとめを参照）．

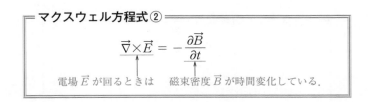

　高等学校の物理で習った，固定してあるコイルに磁石を遠ざけたり，近づけたりする話を思い出して下さい．このとき，コイルには起電力が発生しました．これに対応しているのが，$\vec{\nabla}\times\vec{E} = -\partial\vec{B}/\partial t$ の関係です．

　たとえば，図のように磁石を近づけるとき（すなわち，コイルを貫く上向きの磁束密度 $\vec{B}$ が増加するとき），コイルには上から見て時計回りの起電力が発生します．これは，上から見て時計回りに回転する電場 $\vec{E}$ が発生することを意味します．

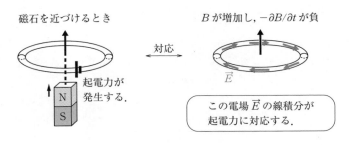

磁石を近づけるとき

起電力が
発生する.

B が増加し，$-\partial B/\partial t$ が負

対応

$\vec{E}$

この電場 $\vec{E}$ の線積分が
起電力に対応する.

◆ マクスウェル方程式③

(1.11)の3番目のマクスウェル方程式は，どんな位置でも磁束密度の湧き出し，吸い込みが存在しないことを意味しています．本書では，マクスウェル方程式③と表すことにします．

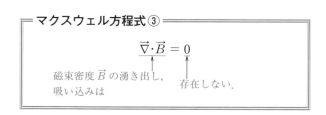

これは，N極，S極だけといった単独の磁極(単磁荷または磁気単極子とよぶ)が存在しないことを示唆しています．

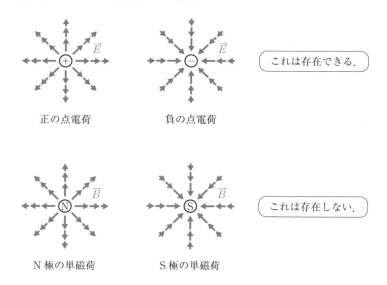

正の点電荷　　　　　　　負の点電荷　　　　これは存在できる．

N極の単磁荷　　　　　　S極の単磁荷　　　　これは存在しない．

✏ コメント

たとえば図のように磁石を真ん中で切断したとしても2つの磁石になるだけで，N極だけ，S極だけからなる磁石をつくりだすことはできません．

◆ マクスウェル方程式④

(1.11)の4番目のマクスウェル方程式は，**アンペール‐マクスウェルの法則**とよばれる法則で，磁束密度が回るときは，電流密度が存在するか電場が時間変化していることを意味しています．本書では，**マクスウェル方程式④**と表すことにします．

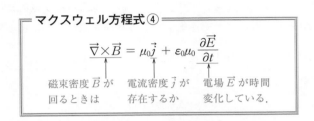

マクスウェル方程式④

$$\vec{\nabla} \times \vec{B} = \mu_0 \vec{j} + \varepsilon_0 \mu_0 \frac{\partial \vec{E}}{\partial t}$$

磁束密度 $\vec{B}$ が　　電流密度 $\vec{j}$ が　　電場 $\vec{E}$ が時間
回るときは　　　　存在するか　　　変化している．

ε_0 は真空の誘電率，μ_0 は真空の透磁率とよばれる定数．

　高等学校の物理で習った，十分長い直線電流のまわりには，それをとり囲む向きに磁場が生じているという話を思い出して下さい．これに対応しているのが，$\vec{\nabla} \times \vec{B} = \mu_0 \vec{j}$ の関係です．磁束密度 $\vec{B}$ と電流密度 $\vec{j}$ の向きが，右ねじの回る向きと進む向きに対応しています．

　また，交流回路などによってコンデンサーに電流が出入りして，極板間で電場が時間変動するときも，周囲に磁束密度が発生していますが，これに対応しているのが，$\vec{\nabla} \times \vec{B} = \varepsilon_0 \mu_0 \dfrac{\partial \vec{E}}{\partial t}$ の関係です．同じく，磁束密度 $\vec{B}$ と電場 $\vec{E}$ の時間変化の割合（時間微分）$\dfrac{\partial \vec{E}}{\partial t}$ の向きが，右ねじの回る向きと進む向きに対応しています．

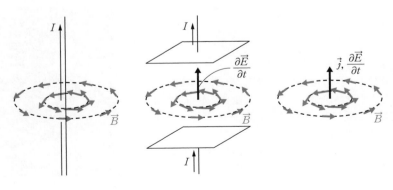

◆ マクスウェル方程式と電荷の運動

　マクスウェル方程式(1.11)は，電荷密度と電流密度から得られる電場と磁束密度を記述している方程式という見方ができます．そして，電場と磁束密度が得られると，ローレンツ力(1.10)によって，電荷が受ける力を求めることができます．さらには，電荷が受けた力が得られると，力学で学んだ運動方程式によって，電荷がどういう運動をするか，すなわち電荷密度や電流密度がどう変化していくかを求めることができます．この論理の流れを図にまとめます．

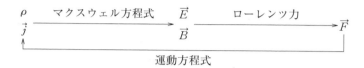

　なお，もちろん電場と磁場から電荷密度や電流密度をマクスウェル方程式によって求めることもできるので，この矢印は逆向きにたどることも可能です．

🚩 **発展**

　本書では，ローレンツ力で $\vec{E}$ と $\vec{B}$ を定義して，$\vec{E}$ と $\vec{B}$ が満たす関係式としてマクスウェル方程式を提示する，という立場をとりましたが，マクスウェル方程式は $\vec{E}$, $\vec{B}$, ρ, $\vec{j}$(及び時刻 t や位置 $\vec{r}$)という物理量の定義及び関係式を同時に提示している，という立場もあります．この立場の場合には，ローレンツ力はマクスウェル方程式を通じて定義された $\vec{E}$ と $\vec{B}$ を，力学へと橋渡しをする法則と解釈がされます．また，(運動をしている)点電荷がつくる $\vec{E}$, $\vec{B}$ の式と重ね合わせの原理を基本法則にして，電磁気学を体系化することもできます．

　このように，様々な立場で電磁気学を体系化することができますが，同じ自然現象を記述しているのであれば，本質的な違いはありません． 🚩

📖 **参考**

　ファラデーの法則(マクスウェル方程式②)は，イギリス人のファラデー(Michael Faraday)が名称の由来です．ファラデーは，電磁気学の父とよばれるほどの偉大な実験科学者です．彼は 1791 年 9 月 22 日，ロンドン郊外のスラム街で生まれました．父親は鍛冶屋職人でしたが身体が弱くて家は貧しかったため，正規の高等教育を受けれませんでした．そのため，13 歳から製本屋の使い走りとして働きはじめました．

　ファラデーは製本屋で誠実に仕事を取り組みながら，仕事の合間に百科事典や啓蒙書などの様々な本の

校正刷りを読み，そこに書いてあることを実験してみたりして自然科学の手法を学んでいきました．また，兄からお金を借りて，自己学習者向けの集会に講義を受けに行き，講義ノートを自分で製本したりしていました．

　1812 年，その講義ノートの質の高さに感銘を受けた製本屋のお客からの好意で，王認会館の当時大人気だった科学者デーヴィーの講演のチケットを譲ってもらい，講演を聴講しました．この講演を受けたファラデーは大変感激し，デーヴィーに丁寧に製本した講義ノートと手紙を送り，王認会館の正職員としての採用を申し込みました．そして，研究所の雑用担当として科学者としての道を歩み始めました．

　そこからファラデーは頭角を現していきます．1816 年に生石灰の研究，1821 年に電気回転現象の発見(モーターの発見)，1823 年に塩素の液化，1825 年にベンゼンの発見，1831 年に電磁誘導の法則の発見，1833 年に電気分解の法則の発見，1838 年に真空放電でのファラデー暗部の発見と，次々に非常に優れた業績を挙げていきました．

　ファラデー以前の電気や磁気の法則は，万有引力に代表されるニュートン力学の華々しい成功をもとに，遠隔作用(物体と物体は離れていても，互いに力を及ぼし合うという考え方)をもとに理解されていました．しかしファラデーは，電荷や電流の周りには電気力線や磁力線で視覚化される「場」が生じており，近くにある別の電荷や電流はそれらの場と接触しているために力を受けるという近接作用(物体は接触しているものからしか力を受けないという考え方)で電気や磁気の法則を理解しようとしました．この考え方は当時の科学者たちからは全く理解されませんでした．それはアイデアが画期的過ぎたことと，ファラデーが正規の教育を受けていないため，それを数学的に表現することができなかったことが要因と言われています．しかし，そんな中，二人の若者がその理論を支持してくれました．一人はトムソン(William Thomson)で，もう一人はマクスウェル(James Clerk Maxwell)です．

　ファラデーは，山中を 1 日に 50 km もやすやす歩けるほどの強靭な肉体の持ち主でした．また，誠実でつつましく，偉くなっても決しておごらず，誰にでも礼儀正しい勤勉家でした．王立協会会長，王認会館所長やナイトに推されましたが，「称号無しの，ただのマイケル・ファラデーでいたい．」と辞退しました．また，王立研究所のクリスマス講演で何度も講師をするなど，理科教育の普及に尽力しました．特にろうそくを題材にした講演は有名であり，書籍化されて世界的なベストセラーになっています．1867 年 8 月 25 日，揺り椅子に揺られながら，静かに息を引き取りました．　　📖

一般的な導出事項

本章では，マクスウェル方程式からの一般的な導出事項について解説していきます．2-1 節でマクスウェル方程式の積分形，2-2 節で電気量保存則，2-3 節で重ね合わせの原理，2-4 節でポテンシャルについて解説します．

2-1 積分形のマクスウェル方程式

◆ 積分形のマクスウェル方程式①

(1.11)のマクスウェル方程式①を，固定した領域 V で体積積分すると，次のようになります．

$$\vec{\nabla}\cdot\vec{E} = \frac{\rho}{\varepsilon_0}$$

$$\int_V \vec{\nabla}\cdot\vec{E}\, dV = \frac{1}{\varepsilon_0}\int_V \rho\, dV$$

両辺を領域 V で体積積分して，定数 ε_0 を積分の前に出した．

ここで，領域 V の表面を S として左辺にガウスの定理(P2.1)を用い，領域 V 内の電気量を Q として右辺に電荷と電荷密度の関係(1.1)を用いると，次の関係式が得られます．

$$\oint_S \vec{E}\cdot d\vec{S} = \frac{Q}{\varepsilon_0}$$

この関係式は積分形のガウスの法則とよばれる法則で，本書では積分形のマクスウェル方程式①と表すことにします．

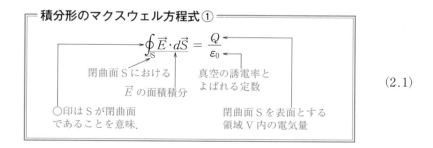

積分形のマクスウェル方程式①

$$\oint_S \vec{E}\cdot d\vec{S} = \frac{Q}{\varepsilon_0}$$

閉曲面 S における $\vec{E}$ の面積積分

真空の誘電率とよばれる定数

○印は S が閉曲面であることを意味．

閉曲面 S を表面とする領域 V 内の電気量

(2.1)

　この関係式は"どんな閉曲面でもよいので閉曲面を用意してそれをSと書くと，そのSにおける電場 $\vec{E}$ の面積積分は，そのSで囲まれた領域内の電気量 Q に $1/\varepsilon_0$ をかけ算したものに等しい"という意味です（ε_0 は真空の誘電率とよばれる定数）．

📖 **参考**

　非常にざっくりした言い方をするならば，左辺の $\oint_S \vec{E} \cdot d\vec{S}$ は閉曲面Sにおける"電場の大きさ×面積"に等しいです．そして，これは閉曲面をつらぬく電気力線の本数に対応しています（(1.8)を参照）．

　また，$Q > 0$ なら $\oint_S \vec{E} \cdot d\vec{S} > 0$ となり，これは閉曲面Sから全体として湧き出す向きに電場 $\vec{E}$ がつらぬくこと，すなわち電気力線が出ていくことを意味します．逆に，$Q < 0$ なら $\oint_S \vec{E} \cdot d\vec{S} < 0$ となり，これは閉曲面Sへと全体として吸い込まれる向きに電場 $\vec{E}$ がつらぬくこと，すなわち電気力線が入っていくことを意味します．

　以上から，この積分形のマクスウェル方程式①を電気力線の本数を用いて述べるのであれば，"電気力線が，電荷 $+Q$ からは Q/ε_0 本出て，電荷 $-Q$ へと Q/ε_0 本入る"といえます．

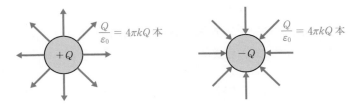

　なお，第3章の(3.8)でクーロンの法則の比例定数とよばれる定数 k を

$$k = \frac{1}{4\pi\varepsilon_0}$$

と定義しますが，これを用いると，Q/ε_0 本は $4\pi kQ$ 本とも書き換えができます．これが高等学校の物理でしばしば出てくる，電気力線を用いた積分形のマクスウェル方程式①（積分形のガウスの法則）です．

═ 電気力線を用いた積分形のマクスウェル方程式① ═

電気力線は
$$\begin{cases} +Q \text{ から } \dfrac{Q}{\varepsilon_0} = 4\pi kQ \text{ 本出る．} \\[2mm] -Q \text{ へと } \dfrac{Q}{\varepsilon_0} = 4\pi kQ \text{ 本入る．} \end{cases}$$

（ε_0：真空の誘電率，k：クーロンの法則の比例定数）

◆ 積分形のマクスウェル方程式②

(1.11)のマクスウェル方程式②を，固定した面Sで面積分すると，次のようになります．

$$\vec{\nabla} \times \vec{E} = -\frac{\partial \vec{B}}{\partial t}$$

$$\int_S (\vec{\nabla} \times \vec{E}) \cdot d\vec{S} = -\int_S \frac{\partial \vec{B}}{\partial t} \cdot d\vec{S}$$

両辺を面Sで面積分して，
マイナスを積分の前に出した．

$$= -\frac{d}{dt} \int_S \vec{B} \cdot d\vec{S}$$

面Sは固定された面なので，
時間微分を前に出した．

✎ コメント

$\vec{B}$ は時刻 t のみならず位置 $\vec{r}$ の関数なので，その時間微分は偏微分 $\partial/\partial t$ になりますが，$\vec{B}$ を面積分したものは単なる時刻 t のみの関数になるので，その時間微分は単なる微分 d/dt になります． ✎

ここで，面Sの縁（閉曲線）をCとして左辺にストークスの定理(P2.9)を用いると，次の関係式が得られます．

$$\oint_C \vec{E} \cdot d\vec{r} = -\frac{d}{dt} \int_S \vec{B} \cdot d\vec{S}$$

この関係式は**積分形のファラデーの電磁誘導の法則**とよばれる法則で，本書では**積分形のマクスウェル方程式②**と表すことにします．

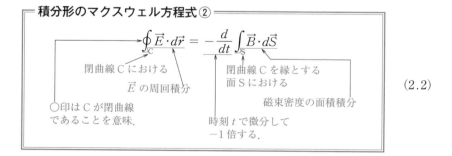

━ **積分形のマクスウェル方程式②** ━━━

$$\oint_C \vec{E} \cdot d\vec{r} = -\frac{d}{dt} \int \vec{B} \cdot d\vec{S}$$

閉曲線Cにおける
$\vec{E}$ の周回積分

閉曲線Cを縁とする
面Sにおける
磁束密度の面積分

○印はCが閉曲線
であることを意味．

時刻 t で微分して
－1倍する．

(2.2)

この関係式は "どんな閉曲線でもよいので閉曲線を用意してそれをCと書くと，そのCにおける電場 $\vec{E}$ の周回積分は，そのCを縁とする面S上での磁束密度 $\vec{B}$ の面積分を時間微分して－1倍したものに等しい" という意味です．

◆ 積分形のマクスウェル方程式③

(1.11)のマクスウェル方程式③を，固定した領域 V で体積積分すると，次のようになります．

$$\vec{\nabla}\cdot\vec{B} = 0$$

$$\int_V \vec{\nabla}\cdot\vec{B}\,dV = 0 \quad \longleftarrow \boxed{両辺を領域 V で\\体積積分した．}$$

ここで，領域 V の表面を S として左辺にガウスの定理（P2.1）を用いると，次の関係式が得られます．

$$\oint_S \vec{B}\cdot d\vec{S} = 0$$

この関係式を，本書では積分形のマクスウェル方程式③と表すことにします．

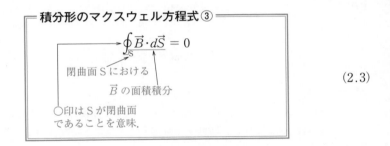

積分形のマクスウェル方程式③

$$\oint_S \vec{B}\cdot d\vec{S} = 0 \qquad (2.3)$$

閉曲面 S における

$\vec{B}$ の面積積分

○印は S が閉曲面であることを意味．

この関係式は "どんな閉曲面でもよいので閉曲面を用意してそれを S と書くと，その S における磁束密度 $\vec{B}$ の面積積分は 0 に等しい" という意味です．

📖 参考

非常にざっくりした言い方をするならば，$\int_S \vec{B}\cdot d\vec{S}$ は面 S における "磁束密度の大きさ × 面積" に等しく，$\int_S \vec{B}\cdot d\vec{S} > 0$ は面 S から出ていく磁束線（すなわち，磁束密度をつなげた線）の本数を，$\int_S \vec{B}\cdot d\vec{S} < 0$ は面 S へと入っていく磁束線の本数を

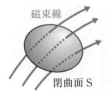

磁束線

閉曲面 S

表します．そして，積分形のマクスウェル方程式③の $\oint_S \vec{B}\cdot d\vec{S} = 0$ は，どんな閉曲面 S に対しても磁束線が出ていく本数と入っていく本数が等しいことを表しています．これは，磁束線はある 1 か所から湧き出したり吸い込まれたりしないことを意味しています． 📖

◆ 積分形のマクスウェル方程式④

　(1.11)のマクスウェル方程式④を，固定した面Sで面積積分すると，次のようになります．

$$\vec{\nabla}\times\vec{B} = \mu_0\vec{j} + \varepsilon_0\mu_0\frac{\partial\vec{E}}{\partial t}$$

$$\int_S (\vec{\nabla}\times\vec{B})\cdot d\vec{S} = \int_S \left(\mu_0\vec{j} + \varepsilon_0\mu_0\frac{\partial\vec{E}}{\partial t}\right)\cdot d\vec{S} \quad \longleftarrow \boxed{\text{両辺を面Sで}\\ \text{面積積分した．}}$$

$$\int_S (\vec{\nabla}\times\vec{B})\cdot d\vec{S} = \mu_0\int_S\vec{j}\cdot d\vec{S} + \varepsilon_0\mu_0\int_S\frac{\partial\vec{E}}{\partial t}\cdot d\vec{S} \quad \longleftarrow \boxed{\text{カッコを外し，定数を}\\ \text{積分の前に出した．}}$$

　ここで，面Sの縁(閉曲線)をCとして左辺にストークスの定理(P2.9)を用い，面Sを流れる電流をIとして右辺の第1項に電流と電流密度の関係(1.3)を用い，右辺の第2項の時間微分を積分の前に出すと，次の関係式が得られます．

$$\oint_C \vec{B}\cdot d\vec{r} = \mu_0 I + \varepsilon_0\mu_0\frac{d}{dt}\int_S\vec{E}\cdot d\vec{S}$$

🖉 コメント

　$\vec{E}$ は時刻 t のみならず位置 $\vec{r}$ の関数なので，その時間微分は偏微分 $\partial/\partial t$ になりますが，$\vec{E}$ を面積積分したものは単なる時刻 t のみの関数になるので，その時間微分は単なる微分 d/dt になります．　🖉

　この関係式は積分形のアンペール‐マクスウェルの法則とよばれる法則で，本書では積分形のマクスウェル方程式④と表すことにします．

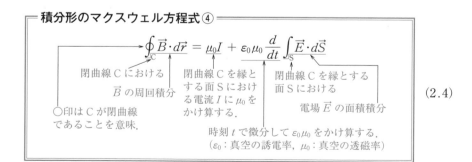

　この関係式は"どんな閉曲線でもよいので閉曲線を用意してそれをCと書くと，そのCにおける磁束密度 $\vec{B}$ の周回積分は，そのCを縁とする面S上で

の電流 I を μ_0 倍したものと，電場 $\vec{E}$ の面積積分を時間微分して $\varepsilon_0\mu_0$ 倍したものの合計に等しい"という意味です（ε_0 は真空の誘電率，μ_0 は真空の透磁率とよばれる定数）．

✏ コメント

マクスウェル方程式④（及び②）の面 S は，閉曲線 C を縁とするものであれば，どんな形にもとることができます．たとえば，左図のように平面にとることもできますし，右図のように上にふわっと膨らんだ曲面にとることもできます．

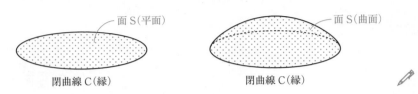

面 S（平面）　　　面 S（曲面）

閉曲線 C（縁）　　　閉曲線 C（縁）

ここで，積分形のマクスウェル方程式①〜④を下にまとめます．

積分形のマクスウェル方程式

① $\displaystyle\oint_S \vec{E}\cdot d\vec{S} = \frac{Q}{\varepsilon_0}$　　② $\displaystyle\oint_C \vec{E}\cdot d\vec{r} = -\frac{d}{dt}\int_S \vec{B}\cdot d\vec{S}$

③ $\displaystyle\oint_S \vec{B}\cdot d\vec{S} = 0$　　④ $\displaystyle\oint_C \vec{B}\cdot d\vec{r} = \mu_0 I + \varepsilon_0\mu_0\frac{d}{dt}\int_S \vec{E}\cdot d\vec{S}$

ちなみに，積分形のマクスウェル方程式①〜④との対比で，マクスウェル方程式①〜④を，本書では微分形のマクスウェル方程式①〜④ともよぶことにします．

📖 参考

積分形のマクスウェル方程式④及び微分形のマクスウェル方程式④は，それぞれ

$$\int_C \vec{B}\cdot d\vec{r} = \mu_0\left(I + \varepsilon_0\frac{d}{dt}\int_S \vec{E}\cdot d\vec{S}\right) \quad \text{及び} \quad \vec{\nabla}\times\vec{B} = \mu_0\left(\vec{j} + \varepsilon_0\frac{\partial\vec{E}}{\partial t}\right)$$

と変形ができ，この $\varepsilon_0\dfrac{d}{dt}\displaystyle\int_S \vec{E}\cdot d\vec{S}$ 及び $\varepsilon_0\dfrac{\partial\vec{E}}{\partial t}$ の項を変位電流及び変位電流密度とよびます．本書では紙面の都合のため扱いませんが，マクスウェル方程式から（P2.40）を用いて波動方程式とよばれる方程式を導いて，光の正体が電磁波の一種であることを考察する際に，この変位電流密度の項が大きな役割を果たします． 📖

2-2 電気量保存則

◆ 電気量保存則

(1.11)のマクスウェル方程式④

$$\vec{\nabla}\times\vec{B} = \mu_0\vec{j} + \varepsilon_0\mu_0\frac{\partial\vec{E}}{\partial t}$$

の両辺のダイバージェンス($\vec{\nabla}\cdot$)をとると,

$$\vec{\nabla}\cdot(\vec{\nabla}\times\vec{B}) = \vec{\nabla}\cdot\left(\mu_0\vec{j} + \varepsilon_0\mu_0\frac{\partial\vec{E}}{\partial t}\right)$$

$$= \mu_0\vec{\nabla}\cdot\vec{j} + \varepsilon_0\mu_0\vec{\nabla}\cdot\frac{\partial\vec{E}}{\partial t}$$

定数 ε_0 と μ_0 を $\vec{\nabla}$ の前に出した.

$$= \mu_0\vec{\nabla}\cdot\vec{j} + \varepsilon_0\mu_0\frac{\partial}{\partial t}\vec{\nabla}\cdot\vec{E}$$

微分等式② を用いた.

となります. ここで左辺に div(rot) の定理①(P2.24)を, 右辺にマクスウェル方程式①を用いると

$$0 = \mu_0\vec{\nabla}\cdot\vec{j} + \varepsilon_0\mu_0\frac{\partial}{\partial t}\left(\frac{\rho}{\varepsilon_0}\right)$$

より,

$$\vec{\nabla}\cdot\vec{j} = -\frac{\partial\rho}{\partial t}$$

という関係式が得られます. これを**電気量保存則**とよびます.

電気量保存則

$$\vec{\nabla}\cdot\vec{j} = -\frac{\partial\rho}{\partial t} \qquad (\vec{j}:電流密度, \ \rho:電荷密度, \ t:時刻) \qquad (2.5)$$

 コメント

電気量保存則は, **電荷保存則**や**電気量の連続の式**ともよばれます.

この電気量保存則の意味を考えてみましょう.

電流密度 $\vec{j}$ が湧き出す形をしているときには $\vec{\nabla}\cdot\vec{j}$ は正, 吸い込む形をしているときには $\vec{\nabla}\cdot\vec{j}$ は負となります. また, 電荷密度 ρ が減少するときには($\partial\rho/\partial t$ は負となるので)$-\partial\rho/\partial t$ は正となります. 増加するときは($\partial\rho/\partial t$ は正となるので)$-\partial\rho/\partial t$ は負となります.

このことから，電気量保存則は次のように解釈ができます．

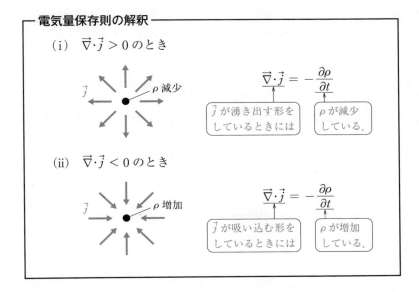

┌─**電気量保存則の解釈**─────────────────

（i）　$\vec{\nabla}\cdot\vec{j} > 0$ のとき

$\vec{j}$　　ρ 減少

$$\vec{\nabla}\cdot\vec{j} = -\frac{\partial\rho}{\partial t}$$

$\vec{j}$ が湧き出す形を　｜　ρ が減少
しているときには　｜　している．

（ii）　$\vec{\nabla}\cdot\vec{j} < 0$ のとき

$\vec{j}$　　ρ 増加

$$\vec{\nabla}\cdot\vec{j} = -\frac{\partial\rho}{\partial t}$$

$\vec{j}$ が吸い込む形を　｜　ρ が増加
しているときには　｜　している．

└──────────────────────────────

なお，$\vec{\nabla}\cdot\vec{j} = 0$ のときには $\partial\rho/\partial t = 0$ となります．これは，電流密度 $\vec{j}$ が湧き出しも吸い込みもない場合には，電荷密度 ρ が時間変化しないことを意味します．

◆ 積分形の電気量保存則

(2.5)の電気量保存則を，固定した領域 V で体積積分すると，

$$\vec{\nabla}\cdot\vec{j} = -\frac{\partial\rho}{\partial t}$$

$$\int_{V}\vec{\nabla}\cdot\vec{j}\,dV = -\int_{V}\frac{\partial\rho}{\partial t}\,dV$$

両辺を領域 V で体積積分して，
マイナスを積分の前に出した．

$$\oint_{S}\vec{j}\cdot d\vec{S} = -\frac{d}{dt}\int_{V}\rho\,dV$$

左辺にガウスの定理(P2.1)を使い，
右辺は時間微分を積分の前に出した．

という関係式が得られます．これを**積分形の電気量保存則**といいます．

🖉 コメント

ρ は時刻 t のみならず位置 $\vec{r}$ の関数なので，その時間微分は偏微分 $\partial/\partial t$ になりますが，ρ を体積積分したものは単なる時刻 t のみの関数になるので，その時間微分は単なる微分 d/dt になります．

　左辺の $\oint_S \vec{j} \cdot d\vec{S}$ は，領域 V の表面 S（閉曲面）から出ていく電流，すなわち，単位時間あたりに領域 V の表面 S から出ていく電気量を表します（(1.3) を参照）．そのため，この値が正ならば表面 S から外へ電荷が出ていき，負ならば外から電荷が入ってきます．

　また，右辺の $\int_V \rho\, dV$ は領域 V 内の電気量を表します（(1.1) を参照）．そのため，領域 V 内の電気量が減少するときは $\dfrac{d}{dt}\int_V \rho\, dV < 0$ より $-\dfrac{d}{dt}\int_V \rho\, dV$ が正となり，増加するときは $\dfrac{d}{dt}\int_V \rho\, dV > 0$ より $-\dfrac{d}{dt}\int_V \rho\, dV$ が負となります．以上より，積分形の電気量保存則は次のように解釈ができます．

積分形の電気量保存則の解釈

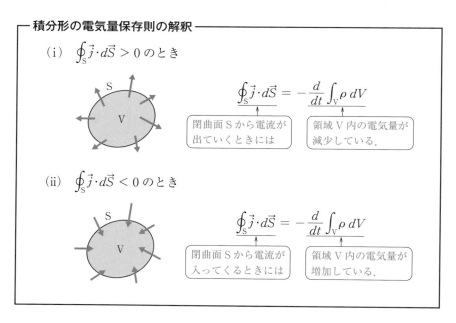

(i)　$\oint_S \vec{j} \cdot d\vec{S} > 0$ のとき

$$\oint_S \vec{j} \cdot d\vec{S} = -\frac{d}{dt}\int_V \rho\, dV$$

閉曲面 S から電流が出ていくときには　　領域 V 内の電気量が減少している．

(ii)　$\oint_S \vec{j} \cdot d\vec{S} < 0$ のとき

$$\oint_S \vec{j} \cdot d\vec{S} = -\frac{d}{dt}\int_V \rho\, dV$$

閉曲面 S から電流が入ってくるときには　　領域 V 内の電気量が増加している．

　なお，$\oint_S \vec{j} \cdot d\vec{S} = 0$ のときには $\dfrac{d}{dt}\int_V \rho\, dV = 0$ となります．これは，領域 V の表面 S を出入りする電流 $\oint_S \vec{j} \cdot d\vec{S}$ がない場合には，表面 S でとり囲まれた領域 V 内の電気量 $\int_V \rho\, dV$ が時間変化しないことを意味します．

　以上をまとめると，ある領域の電気量の合計は，表面の出入りがあればそれ

に応じて変化し(出ていけば減り,入ってくれば増え),出入りがなければ変化しないことを,積分形の電気量保存則は表しています.

✎ コメント

　もしもある領域内の電気量が,境界からの流入や流出に関係がなく増えたり減ったりしたら,電気量保存則は成り立ちません.電気量保存則の「保存」という言葉は,何の原因もなく電気量が突然増えたり減ったりしないという意味です. ✎

🏴 発展　**電気量の特徴**

　ここまででマクスウェル方程式から電気量保存則を導出しましたが,電気量保存則については,マクスウェル方程式からの導出事項というよりも,電気量がもつ本質的な特徴の1つ(すなわち,電気量の定義に組み込まれているもの)と考える方が一般的です.すなわち,「マクスウェル方程式から電気量保存則を導出した」というよりも,「マクスウェル方程式は電気量保存則と整合性がとれていることを確認した」と考える方が自然といえるでしょう.

　それでは,ここで 1-1 節で述べた電気量の特徴をまとめなおしましょう.なお,1-1 節ではわかりやすさを重視して,

① 最小単位をもつ.

② 正の値も負の値もとる.

と2つの項目に分けましたが,これらは

"電気量は電気素量 e の整数倍で表される"

とすれば,より詳しい形で1つの項目にまとめられるので,これを①とします.

電気量の特徴

① 電気量は電気素量 e の整数倍で表される.

② 電気量保存則が成立する.すなわち,ある領域の電気量の合計は

  (ⅰ) 境界面から電気量の出入りがあれば,それに応じて変化する.

  (ⅱ) 境界面から電気量の出入りがなければ,変化しない.

③ どの立場から見ても値は変化しない.

　なお,①については,素粒子物理学で学ぶクォークまで含めて考えると,整数倍というよりは実数倍とした方がより正確な表現になります.②は(2.5)が成り立つことを意味します.③については本書では深入りしませんが,電気量の値は,静止している座標系から見ても,動いている座標系から見ても同じ値になることを意味します.たとえば電気量 q は,地面から見ても,(地面に対して)等速直線運動をしている電車の中から見ても同じ値になり,異なる値になることはないということです.

🏴

2-3 重ね合わせの原理

◆ 重ね合わせの原理

　ある電荷密度 $\rho_1(\vec{r}, t)$ と電流密度 $\vec{j}_1(\vec{r}, t)$ から電場 $\vec{E}_1(\vec{r}, t)$ と磁束密度 $\vec{B}_1(\vec{r}, t)$ が生じ，別の電荷密度 $\rho_2(\vec{r}, t)$ と電流密度 $\vec{j}_2(\vec{r}, t)$ から電場 $\vec{E}_2(\vec{r}, t)$ と磁束密度 $\vec{B}_2(\vec{r}, t)$ が生じるとします．このとき，それぞれの合計に等しい電荷密度

$$\rho(\vec{r}, t) = \rho_1(\vec{r}, t) + \rho_2(\vec{r}, t)$$

と電流密度

$$\vec{j}(\vec{r}, t) = \vec{j}_1(\vec{r}, t) + \vec{j}_2(\vec{r}, t)$$

からは，どんな電場 $\vec{E}$ と磁束密度 $\vec{B}$ が生じるでしょうか？

　その答は

$$\vec{E}(\vec{r}, t) = \vec{E}_1(\vec{r}, t) + \vec{E}_2(\vec{r}, t)$$
$$\vec{B}(\vec{r}, t) = \vec{B}_1(\vec{r}, t) + \vec{B}_2(\vec{r}, t)$$

となります．これが**重ね合わせの原理**とよばれる法則です．

┌─**重ね合わせの原理**─────────────────

$$\rho_1,\ \vec{j}_1 \longrightarrow \vec{E}_1,\ \vec{B}_1 \quad \text{の場合に}$$
$$\rho_2,\ \vec{j}_2 \longrightarrow \vec{E}_2,\ \vec{B}_2$$

$$\begin{cases} \rho = \rho_1 + \rho_2 \\ \vec{j} = \vec{j}_1 + \vec{j}_2 \end{cases} \longrightarrow \begin{cases} \vec{E} = ? \\ \vec{B} = ? \end{cases}$$

┌─答─────────
$$\vec{E} = \vec{E}_1 + \vec{E}_2$$
$$\vec{B} = \vec{B}_1 + \vec{B}_2$$

└──────────────────────────────

　この重ね合わせの原理の証明は次のとおりです．

　$\rho_1(\vec{r}, t), \vec{j}_1(\vec{r}, t)$ から $\vec{E}_1(\vec{r}, t), \vec{B}_1(\vec{r}, t)$ が生じ，$\rho_2(\vec{r}, t), \vec{j}_2(\vec{r}, t)$ から $\vec{E}_2(\vec{r}, t)$，$\vec{B}_2(\vec{r}, t)$ が生じるなら，それぞれのマクスウェル方程式として

$$\text{(i)} \begin{cases} \vec{\nabla} \cdot \vec{E}_1 = \dfrac{\rho_1}{\varepsilon_0}, & \vec{\nabla} \times \vec{E}_1 = -\dfrac{\partial \vec{B}_1}{\partial t} \\[2mm] \vec{\nabla} \cdot \vec{B}_1 = 0, & \vec{\nabla} \times \vec{B}_1 = \mu_0 \vec{j}_1 + \varepsilon_0 \mu_0 \dfrac{\partial \vec{E}_1}{\partial t} \end{cases}$$

$$(\text{ii}) \begin{cases} \vec{\nabla}\cdot\vec{E}_2 = \dfrac{\rho_2}{\varepsilon_0}, & \vec{\nabla}\times\vec{E}_2 = -\dfrac{\partial\vec{B}_2}{\partial t} \\[3mm] \vec{\nabla}\cdot\vec{B}_2 = 0, & \vec{\nabla}\times\vec{B}_2 = \mu_0\vec{j}_2 + \varepsilon_0\mu_0\dfrac{\partial\vec{E}_2}{\partial t} \end{cases}$$

が満たされます．ここで，

$$\frac{\rho_1 + \rho_2}{\varepsilon_0} = \frac{\rho_1}{\varepsilon_0} + \frac{\rho_2}{\varepsilon_0}$$

$$\varepsilon_0\mu_0(\vec{j}_1 + \vec{j}_2) = \varepsilon_0\mu_0\vec{j}_1 + \varepsilon_0\mu_0\vec{j}_2$$

が成り立つことと，P1-2 節で述べた div，rot の線形性より，

$$\vec{\nabla}\cdot(\vec{E}_1 + \vec{E}_2) = \vec{\nabla}\cdot\vec{E}_1 + \vec{\nabla}\cdot\vec{E}_2, \qquad \vec{\nabla}\times(\vec{E}_1 + \vec{E}_2) = \vec{\nabla}\times\vec{E}_1 + \vec{\nabla}\times\vec{E}_2$$

$$\vec{\nabla}\cdot(\vec{B}_1 + \vec{B}_2) = \vec{\nabla}\cdot\vec{B}_1 + \vec{\nabla}\cdot\vec{B}_2, \qquad \vec{\nabla}\times(\vec{B}_1 + \vec{B}_2) = \vec{\nabla}\times\vec{B}_1 + \vec{\nabla}\times\vec{B}_2$$

が成り立つことと，微分 $\partial/\partial t$ の線形性より，

$$\frac{\partial(\vec{E}_1 + \vec{E}_2)}{\partial t} = \frac{\partial\vec{E}_1}{\partial t} + \frac{\partial\vec{E}_2}{\partial t}, \qquad \frac{\partial(\vec{B}_1 + \vec{B}_2)}{\partial t} = \frac{\partial\vec{B}_1}{\partial t} + \frac{\partial\vec{B}_2}{\partial t}$$

が成り立つことを用いて，(i)，(ii)をたすと，$\vec{E} = \vec{E}_1 + \vec{E}_2$，$\vec{B} = \vec{B}_1 + \vec{B}_2$，$\rho = \rho_1 + \rho_2$，$\vec{j} = \vec{j}_1 + \vec{j}_2$ で定義される $\vec{E}$，$\vec{B}$，ρ，$\vec{j}$ に対して

$$\begin{cases} \vec{\nabla}\cdot\vec{E} = \dfrac{\rho}{\varepsilon_0}, & \vec{\nabla}\times\vec{E} = -\dfrac{\partial\vec{B}}{\partial t} \\[3mm] \vec{\nabla}\cdot\vec{B} = 0, & \vec{\nabla}\times\vec{B} = \mu_0\vec{j} + \varepsilon_0\mu_0\dfrac{\partial\vec{E}}{\partial t} \end{cases}$$

が成り立つことが導けます．

したがって，$\rho_1(\vec{r}, t)$，$\vec{j}_1(\vec{r}, t)$ から $\vec{E}_1(\vec{r}, t)$，$\vec{B}_1(\vec{r}, t)$ が生じ，$\rho_2(\vec{r}, t)$，$\vec{j}_2(\vec{r}, t)$ から $\vec{E}_2(\vec{r}, t)$，$\vec{B}_2(\vec{r}, t)$ が生じるなら，それぞれの合計

$$\rho(\vec{r}, t) = \rho_1(\vec{r}, t) + \rho_2(\vec{r}, t)$$

$$\vec{j}(\vec{r}, t) = \vec{j}_1(\vec{r}, t) + \vec{j}_2(\vec{r}, t)$$

から生じる電場と磁束密度は

$$\vec{E}(\vec{r}, t) = \vec{E}_1(\vec{r}, t) + \vec{E}_2(\vec{r}, t)$$

$$\vec{B}(\vec{r}, t) = \vec{B}_1(\vec{r}, t) + \vec{B}_2(\vec{r}, t)$$

となることがわかります．

🖉 コメント

重ね合わせの原理は静電気や静磁気の分野で教えられることが多いため，静電気や静磁気の分野でのみ成り立つ原理のように思う人がいるかも知れませんが，この導出でわかるように，どんな場合でも一般的に成り立つ定理です． 🖉

◆ マクスウェル方程式が線形性をもつことの重要性

　マクスウェル方程式は 2 乗の項を含まない，1 次式で書かれています．この
ことを，マクスウェル方程式は線形性をもつといいます．この線形性の大切さ
を考察するために，もしもマクスウェル方程式が線形性をもたなかったらどの
ようなことが起こるかについて考えてみましょう．

　仮に，(1.11)のマクスウェル方程式①が，

$$\vec{\nabla} \cdot \vec{E} = \frac{\rho^2}{\varepsilon_0}$$

であったとすると，この場合，電荷密度 $\rho_1(\vec{r}, t) (\neq 0)$ から電場 $\vec{E}_1(\vec{r}, t)$，電
荷密度 $\rho_2(\vec{r}, t) (\neq 0)$ から電場 $\vec{E}_2(\vec{r}, t)$ が生じるなら，それぞれ

$$(\text{i})\quad \vec{\nabla} \cdot \vec{E}_1 = \frac{\rho_1{}^2}{\varepsilon_0}$$

$$(\text{ii})\quad \vec{\nabla} \cdot \vec{E}_2 = \frac{\rho_2{}^2}{\varepsilon_0}$$

が成り立ちます．そして，(i) + (ii)を計算すると，

$$\vec{\nabla} \cdot \vec{E}_1 + \vec{\nabla} \cdot \vec{E}_2 = \frac{\rho_1{}^2}{\varepsilon_0} + \frac{\rho_2{}^2}{\varepsilon_0}$$

より，

$$\vec{\nabla} \cdot (\vec{E}_1 + \vec{E}_2) = \frac{\rho_1{}^2 + \rho_2{}^2}{\varepsilon_0}$$

は成り立ちますが，

$$\vec{\nabla} \cdot (\vec{E}_1 + \vec{E}_2) = \frac{(\rho_1 + \rho_2)^2}{\varepsilon_0}$$

は成り立ちません．この式が成り立たないということは，電荷密度 $\rho_1(\vec{r}, t) +$
$\rho_2(\vec{r}, t)$ から生じる電場は $\vec{E}_1(\vec{r}, t) + \vec{E}_2(\vec{r}, t)$ とはならないことを意味しま
す．すなわち，電荷密度 $\rho_1(\vec{r}, t)$ から電場 $\vec{E}_1(\vec{r}, t)$，電荷密度 $\rho_2(\vec{r}, t)$ から電
場 $\vec{E}_2(\vec{r}, t)$ が生じたとしても，2 つの電荷分布を重ね合わせた電荷密度
$\rho_1(\vec{r}, t) + \rho_2(\vec{r}, t)$ からは，電場 $\vec{E}_1(\vec{r}, t) + \vec{E}_2(\vec{r}, t)$ は生じないことを意味し
ます．つまり，重ね合わせの原理が成り立ちません．

　このように考えてみると，マクスウェル方程式が線形性をもつ，すなわち，
すべて 1 次式からなるということが，重ね合わせの原理を成り立たせているこ
とがわかります．

2-4 ポテンシャルと対称性

◆ ベクトルポテンシャルとスカラーポテンシャル

(1.11)のマクスウェル方程式③

$$\vec{\nabla}\cdot\vec{B} = 0$$

から始めましょう．(P2.25)の div(rot) の定理②で述べたように，ダイバージェンスがゼロになるベクトルは必ず，ある別のベクトルのローテーションで表すことができます．したがって，磁束密度 $\vec{B}$ は，あるベクトル $\vec{A}$ を用いて次のように表せます．

$$\vec{B} = \vec{\nabla}\times\vec{A} \tag{2.6}$$

そして，このベクトル $\vec{A}$ のことをベクトルポテンシャルといいます．

次に，この $\vec{B} = \vec{\nabla}\times\vec{A}$ を，(1.11)のマクスウェル方程式②

$$\vec{\nabla}\times\vec{E} = -\frac{\partial\vec{B}}{\partial t}$$

に代入して整理すると，

$$\vec{\nabla}\times\vec{E} = -\frac{\partial}{\partial t}(\vec{\nabla}\times A)$$

$$= -\vec{\nabla}\times\frac{\partial\vec{A}}{\partial t}$$

> 時間微分と空間微分が交換可能なことを用いた(微分等式②(P1.6)を参照).

より，

$$\vec{\nabla}\times\left(\vec{E} + \frac{\partial\vec{A}}{\partial t}\right) = \vec{0}$$

> $\vec{\nabla}\times\vec{E} + \vec{\nabla}\times\frac{\partial\vec{A}}{\partial t} = \vec{0}$ として，$\vec{\nabla}\times$ でくくった.

と変形できます．(P2.34)の rot(grad) の定理②で述べたように，ローテーションがゼロになるベクトルは必ず，ある別のベクトルのグラディエントで表すことができます．したがって，$\vec{E} + \partial\vec{A}/\partial t$ は，あるスカラー ϕ を用いて次のように表せます(マイナス符号は慣習によるものです)．

$$\vec{E} + \frac{\partial\vec{A}}{\partial t} = -\vec{\nabla}\phi$$

これにより，

$$\vec{E} = -\vec{\nabla}\phi - \frac{\partial\vec{A}}{\partial t} \tag{2.7}$$

となり，このスカラー ϕ のことをスカラーポテンシャルといいます．

◆ **ポテンシャルの任意性とゲージ**

　ここまでで，ベクトルポテンシャル $\vec{A}$ とスカラーポテンシャル ϕ を決めれば，(2.6)と(2.7)によって電場 $\vec{E}$ と磁束密度 $\vec{B}$ が決まることがわかりました．

　さてここで，任意のスカラー関数 $f = f(\vec{r}, t)$ を用いた，

$$\vec{A}' = \vec{A} + \vec{\nabla}f \tag{2.8}$$

$$\phi' = \phi - \frac{\partial f}{\partial t} \tag{2.9}$$

という物理量 ϕ' と $\vec{A}'$ を考えてみましょう．そして，(2.6)，(2.7)に似せて $\vec{\nabla} \times \vec{A}'$ および $-\vec{\nabla}\phi' - \dfrac{\partial \vec{A}'}{\partial t}$ を計算してみると，

$$\begin{aligned}
\vec{\nabla} \times \vec{A}' &= \vec{\nabla} \times (\vec{A} + \vec{\nabla}f) \quad \longleftarrow \boxed{\text{(2.8)を代入した．}} \\
&= \vec{\nabla} \times \vec{A} + \vec{\nabla} \times (\vec{\nabla}f) \\
&= \vec{\nabla} \times \vec{A} \quad \longleftarrow \boxed{\text{rot(grad) の定理①(P2.33)を参照．}} \\
&= \vec{B} \quad \longleftarrow \boxed{\text{(2.6)を用いた．}}
\end{aligned}$$

及び，

$$\begin{aligned}
-\vec{\nabla}\phi' - \frac{\partial \vec{A}'}{\partial t} &= -\vec{\nabla}\left(\phi - \frac{\partial f}{\partial t}\right) - \frac{\partial}{\partial t}(\vec{A} + \vec{\nabla}f) \quad \longleftarrow \boxed{\text{(2.8)，(2.9)を代入．}} \\
&= -\vec{\nabla}\phi + \frac{\partial}{\partial t}(\vec{\nabla}f) - \frac{\partial \vec{A}}{\partial t} - \frac{\partial}{\partial t}(\vec{\nabla}f) \\
&= -\vec{\nabla}\phi - \frac{\partial \vec{A}}{\partial t} \quad \boxed{\begin{array}{l}\text{カッコを外して，時間微分と空間微分の}\\\text{順序を交換した(微分等式②(P1.6)を参照)．}\end{array}} \\
&= \vec{E} \quad \longleftarrow \boxed{\text{(2.7)を用いた．}}
\end{aligned}$$

となり，この ϕ' と $\vec{A}'$ でも (2.6)，(2.7)と同じ電場 $\vec{E}$ と磁束密度 $\vec{B}$ が得られることがわかります．このことから，スカラーポテンシャル ϕ とベクトルポテンシャル $\vec{A}$ の選び方には任意性があることがわかります．

　このような任意性を減らすため，一般には，$\vec{\nabla} \cdot \vec{A}$ がある決まった値になるように制限を加えます．この制限となる式のことを**ゲージ**とよびます．代表的なものは，**ローレンスゲージ**とよばれる

$$\vec{\nabla} \cdot \vec{A} = -\varepsilon_0 \mu_0 \frac{\partial \phi}{\partial t} \tag{2.10}$$

という式です．また，

$$\vec{\nabla} \cdot \vec{A} = 0 \tag{2.11}$$

という式を**クーロンゲージ**とよび，静電気の議論をするときによく用います．

🖉 コメント

本書では紙面の都合上省略しますが，この $\vec{\nabla}\cdot\vec{A}$ の値は任意に選ぶことができます（拙共著の「マクスウェル方程式から始める 電磁気学」の p.147 を参照して下さい）．ちなみに，ローレンスゲージはローレンツゲージともよばれます．ローレンツ力の「ローレンツ」はオランダ人のローレンツ（Lorentz），ローレンスゲージの「ローレンス」はデンマーク人のローレンス（Lorenz）が名前の由来です．🖉

◆ 対 称 性

本書で用いる対称性という用語の意味についてまとめます．

平行移動させたときに元と同じ形になることを，「並進対称性をもつ」といいます．また，回転させたときに元と同じ形になることを，その軸のまわりで「回転対称性をもつ」といいます．

対称性

　並進対称性：平行移動させたときに同じ形になること

　回転対称性：回転させたときに同じ形になること

なお，特にある特定の軸のまわりで，任意の回転に対して同じ形になること（すなわち，あらゆる回転に対して同じ形になること）を「軸対称性をもつ」といい，ある点のまわりで，任意の回転に対して同じ形になること（すなわち，あらゆる回転に対しても同じ形になること）を，その点のまわりで「球対称性をもつ」といいます．

また，空間のある領域内において，任意の点で任意の方向に並進対称性をもつ場合（すなわち，あらゆる点からあらゆる方向に平行移動させても同じ形になる場合），その領域内において「一様性をもつ」といいます．また，同じく空間のある領域内において，任意の点で球対称性をもつ場合（すなわち，あらゆる点からあらゆる方向に回転させても同じ形になる場合），その領域内において「等方性をもつ」といいます．

一様性と等方性

　一様性：任意の点で任意の方向に並進対称性をもつこと

　等方性：任意の点で球対称性をもつこと

🚩 **発展　マクスウェル方程式の式の数**

　マクスウェル方程式は，①と③がスカラーの式で，②と④は3成分あるベクトルの式で表されるので，全体で8つの式から構成されています．

　ここで，電荷密度 ρ と電流密度 $\vec{j}$ から電場 $\vec{E}$ と磁束密度 $\vec{B}$ を求める方程式としてマクスウェル方程式を見てみると（第1章のマクスウェル方程式と電荷の運動の項を参照），求めるべき変数は $E_x,\ E_y,\ E_z,\ B_x,\ B_y,\ B_z$ の6つしかありません．そのため，方程式の数が多すぎて，「解がないのではないか？」と心配するかもしれません．しかし，その心配の必要はありません．その理由を説明します．

　まず，マクスウェル方程式②にダイバージェンスをとると，

$$\vec{\nabla}\cdot(\vec{\nabla}\times\vec{E}) = -\vec{\nabla}\cdot\frac{\partial\vec{B}}{\partial t}$$

$$0 = -\frac{\partial}{\partial t}\vec{\nabla}\cdot\vec{B} \quad \longleftarrow \boxed{\text{左辺に div(rot) の定理①(P2.24)を，} \atop \text{右辺に微分等式②(P1.6)を用いた．}}$$

となり，ここから，次の関係が得られます．

$$\vec{\nabla}\cdot\vec{B} = \text{一定}$$

　次に，電荷密度と電流密度は好き勝手に用意できるというわけではなく，(2.5)の電気量保存則を満たすという大前提があることを考慮しつつ，マクスウェル方程式④にダイバージェンスをとると，

$$\vec{\nabla}\cdot(\vec{\nabla}\times\vec{B}) = \mu_0\vec{\nabla}\cdot\vec{j} + \varepsilon_0\mu_0\vec{\nabla}\cdot\frac{\partial\vec{E}}{\partial t}$$

$$0 = \mu_0\vec{\nabla}\cdot\vec{j} + \varepsilon_0\mu_0\frac{\partial}{\partial t}(\vec{\nabla}\cdot\vec{E}) \quad \longleftarrow \boxed{\text{左辺に div(rot) の定理①(P2.24)を，} \atop \text{右辺に微分等式②(P1.6)を用いた．}}$$

$$0 = -\mu_0\frac{\partial\rho}{\partial t} + \varepsilon_0\mu_0\frac{\partial}{\partial t}(\vec{\nabla}\cdot\vec{E}) \quad \longleftarrow \boxed{\text{(2.5)の電気量保存則を用いた．}}$$

$$0 = \mu_0\varepsilon_0\frac{\partial}{\partial t}\left(-\frac{\rho}{\varepsilon_0} + \vec{\nabla}\cdot\vec{E}\right) \quad \longleftarrow \boxed{\partial/\partial t \text{ でくくって整理した．}}$$

となり，ここから，次の関係が得られます．

$$\vec{\nabla}\cdot\vec{E} - \frac{\rho}{\varepsilon_0} = \text{一定}$$

　これらより，ある瞬間（たとえば宇宙が始まった瞬間）の初期条件として，$\vec{\nabla}\cdot\vec{B} = 0$ と $\vec{\nabla}\cdot\vec{E} - \dfrac{\rho}{\varepsilon_0} = 0$ が満たされるならば，その後のどんな時刻であっても同じ式が自動的に成り立つことがわかります．このことは，マクスウェル方程式①と③が自動的に成り立つことを意味しています．

　以上より，マクスウェル方程式の①と③は初期条件として要求されているだけのものであり，電場と磁束密度という6つの変数は②と④という6つの方程式によって決まる構造をしていることがわかります．未知数の数と解くべき方程式の数が一致しているので，「解がないのではないか？」と心配する必要はありません．　🚩

📖 **参考**

　1831 年 6 月 13 日, スコットランドの中心都市エ
ディンバラで, ジェームズ‐クラーク‐マクスウェル
(James Clerk Maxwell)は生まれました. クラーク家
とマクスウェル家という, スコットランドの由緒ある
家系をもつ領主の家で育ち, 両親の愛に包まれて育ち
ましたが, 8 歳のときに母親が癌で亡くなり, 以降は
丸暗記を強要してきたり耳を引っ張る等の体罰をして
くる相性の悪い家庭教師の下で 2 年間学びました.

　10 歳でエディンバラ中等学校に入学するも, 当初
は訛りをからかわれたり, 服をボロボロにされたり,
ダフティ(まぬけ, 変人)というあだ名をつけられたり
しました. 成績も良くはありませんでした.

　しかし, マクスウェルは次第に頭角を現していき, 14 歳で最初の論文を仕上げ,
この論文はエディンバラの大学教授によって代読されました. 16 歳でエディンバラ
大学に入学し, 20 歳でケンブリッジ大学に入学します. 25 歳でアバディーン大学の
教授に, 29 歳でロンドン大学の教授に, 39 歳でケンブリッジ大学の教授になります.

　マクスウェルは, ファラデーの理論をもとに, 1855 年から 1864 年に出した 3 本の
論文『ファラデーの力線について』,『物理学的力線について』,『電磁場の動力学理論』
で電磁気学の理論を確立させました. 電磁気学の理論以外にも気体分子運動論や熱
学や土星の環の安定性や色彩の研究などで, 非常に優れた業績を残しました. 史上
初のカラー写真のデモンストレーションをしたのも彼です.

　さて, マクスウェルが実際に書き下した方程式は, 成分表示で 20 個もある非常に
複雑なものでした. これらの方程式を現在の私たちが見慣れているような 4 つの方
程式に整理したのはイギリス人のヘヴィサイド(Oliver Heaviside)です. また, マク
スウェルの書き下した方程式から光の正体が電磁波の一種であることが予言されま
したが, このことを実験で確認したのはドイツ人のヘルツ(Heinrich Rudolf Hertz)で
す. そのため, マクスウェル方程式はマクスウェル‐ヘヴィサイド‐ヘルツ方程式
とも呼ばれます.

　マクスウェルは, ユーモアと知恵に満ち, 穏やかで落ち着いた性格の持ち主でし
た. 乗馬が好きで, 詩や戯曲を愛し, 妻によく読んで聞かせたりもしました. 近所
の人たちとも良い関係を持ち, 子供と遊ぶのも好きで, 村で誰かが病気になるとよ
く訪ねて行って, 望みとあれば本を読んだり祈ったりするような人でした.

　1879 年 11 月 5 日に妻やいとこや友人に看取られて, 48 歳で他界しました.　📖

> ヘルツの実験による観測は 1888 年で,
> マクスウェルが他界した 9 年後です.

3 静 電 気 (1)

　本章では，静電気について解説します．3-1 節では静電気におけるマクスウェル方程式と重ね合わせの原理を，3-2 節では静電気の典型問題としてさまざまな電荷がつくる電場を，3-3 節ではクーロンの法則と複数の点電荷がつくる電場を解説します．

3-1 静電気のマクスウェル方程式

◆ 定常状態のマクスウェル方程式

　物理量が時間変化をしなくなった状態を定常状態といいます．定常状態においては，(1.11) のマクスウェル方程式は，その時間微分の項 $\partial\vec{E}/\partial t$ と $\partial\vec{B}/\partial t$ がゼロとなり，次のように表せます．

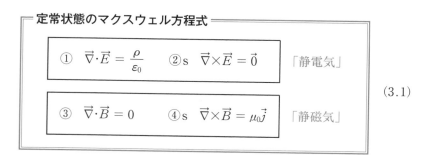

$$
\boxed{
\begin{array}{ll}
\text{① } \vec{\nabla}\cdot\vec{E} = \dfrac{\rho}{\varepsilon_0} & \text{②s } \vec{\nabla}\times\vec{E} = \vec{0} \qquad \text{「静電気」} \\[2mm]
\text{③ } \vec{\nabla}\cdot\vec{B} = 0 & \text{④s } \vec{\nabla}\times\vec{B} = \mu_0\vec{j} \qquad \text{「静磁気」}
\end{array}
}
$$

定常状態のマクスウェル方程式

$$(3.1)$$

　これを定常状態のマクスウェル方程式といいます．本書では，この②式と④式を元のマクスウェル方程式と区別するため，steady state（定常状態）の s の添字をつけて②s，④s と表すことにします．

　この①と②s は電場 $\vec{E}$ と電荷密度 ρ だけの関係式になっているのに対し，③と④s は磁束密度 $\vec{B}$ と電流密度 $\vec{j}$ だけの関係式になっていて，いわば電気と磁気が上の 2 式と下の 2 式で"分離"しています．上の 2 式を静電気のマクスウェル方程式，下の 2 式を静磁気のマクスウェル方程式といいます．

　なお，定常状態を議論する際には時刻 t の依存性は考える必要がないので，$\vec{E}$，$\vec{B}$，ρ，$\vec{j}$ は位置 $\vec{r}$ のみの関数として扱います．

◆ 静電気のマクスウェル方程式

静磁気のマクスウェル方程式については第5章以降で扱い，第3章と第4章では静電気のマクスウェル方程式

┌─ **静電気のマクスウェル方程式** ─┐

$$① \quad \vec{\nabla}\cdot\vec{E} = \frac{\rho}{\varepsilon_0} \qquad ②s \quad \vec{\nabla}\times\vec{E} = \vec{0} \tag{3.2}$$

及び，その積分形

┌─ **静電気のマクスウェル方程式の積分形** ─┐

$$① \quad \oint_S \vec{E}\cdot d\vec{S} = \frac{Q}{\varepsilon_0} \qquad ②s \quad \oint_C \vec{E}\cdot d\vec{r} = 0 \tag{3.3}$$

をもとに解説をしていきます.

なお，この静電気のマクスウェル方程式を満たす電場のことを**静電場**といい，電荷 q が静電場 $\vec{E}$ から受ける力

$$\vec{F} = q\vec{E} \tag{3.4}$$

のことを**静電気力**といいます.

◆ 静電気における重ね合わせの原理

静電気のマクスウェル方程式には磁束密度 $\vec{B}$ と電流密度 $\vec{j}$ は登場しないため，2-3節で述べた重ね合わせの原理も次のようにシンプルになります.

┌─ **静電気における重ね合わせの原理** ─┐

$$\begin{aligned} \rho_1 &\longrightarrow \vec{E}_1 \\ \rho_2 &\longrightarrow \vec{E}_2 \end{aligned} \quad \text{の場合に,} \quad \rho = \rho_1 + \rho_2 \longrightarrow \vec{E} = ?$$

$$\text{答} \quad \vec{E} = \vec{E}_1 + \vec{E}_2$$

ある電荷密度 $\rho_1(\vec{r}, t)$ から電場 $\vec{E}_1(\vec{r}, t)$ が，別の電荷密度 $\rho_2(\vec{r}, t)$ から電場 $\vec{E}_2(\vec{r}, t)$ が生じるときに，それらの合計の電荷密度 $\rho_1(\vec{r}, t) + \rho_2(\vec{r}, t)$ から生じる電場は $\vec{E}_1(\vec{r}, t) + \vec{E}_2(\vec{r}, t)$ になります. これを，**静電気における重ね合わせの原理**といいます.

3-2 さまざまな電荷による電場

◆ 点電荷による電場

空間のある 1 点に点電荷 $+q$ があるとし，この点電荷がつくる電場について考えてみましょう．この点電荷が，その周りでもつ対称性は次のとおりです．

> **点電荷のもつ対称性**
>
> 点電荷のまわりにどんな回転をしても形は同じ．

すなわち，点電荷はそのまわりに球対称性をもちます．この対称性を満たすような電場は下図のように，向きは点電荷から遠ざかる向きか，近づく向きのどちらかになり，大きさは点電荷から等距離の点ではどこでも同じになります．

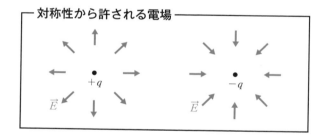

対称性から許される電場

そこで以下では，電場は点電荷から遠ざかる向きを正の向きとした E という成分のみをとるとして解説をしていきます．なお，この E は正と負の両方の値をとれるとし，$E > 0$ ならば遠ざかる向き，$E < 0$ ならば近づく向きに電場が生じているとします．それでは，この電場を求めていきましょう．

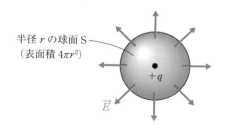

半径 r の球面 S
（表面積 $4\pi r^2$）

$+q$

$\vec{E}$

図のように，点電荷をとり囲むような任意の半径 r の球面 S を考え，(3.3)の積分形のマクスウェル方程式①

$$\oint_S \vec{E} \cdot d\vec{S} = \frac{Q}{\varepsilon_0}$$

を適用します．この左辺は，$\vec{E}$ が球面 S にすべて垂直で，その面において同じ大きさになることから，

$$\oint_S \vec{E} \cdot d\vec{S} = E \times 4\pi r^2 = 4\pi r^2 E$$

となります（例題 P1-5 を参照）．一方，右辺は，この球面内の電気量 Q が点電荷の $+q$ のみであることから，

$$\frac{Q}{\varepsilon_0} = \frac{q}{\varepsilon_0} \tag{3.5}$$

となります．よって，

$$4\pi r^2 E = \frac{q}{\varepsilon_0}$$

から，

$$E = \frac{q}{4\pi\varepsilon_0 r^2} \tag{3.6}$$

が得られます．この $E > 0$ という結果は，生じる電場の向きが点電荷から遠ざかる向きであることを意味します．

また，空間のある 1 点に負の点電荷 $-q$ があり，この負の点電荷がつくる電場を考える場合には，同様の議論により，半径 r の球面内の電気量 Q が点電荷の $-q$ のみになるため，(3.5)が

$$\frac{Q}{\varepsilon_0} = \frac{-q}{\varepsilon_0}$$

となり，(3.6)が

$$E = -\frac{q}{4\pi\varepsilon_0 r^2} \tag{3.7}$$

となります．この $E < 0$ という結果は，生じる電場の向きが点電荷へと近づく向きであることを意味します．

以上，(3.6)，(3.7)で表される静止した点電荷がつくる電場のことを**クーロン電場**とよびます．また，**クーロンの法則の比例定数**とよばれる

$$k = \frac{1}{4\pi\varepsilon_0} \tag{3.8}$$

で定義される定数を用いると，(3.6)，(3.7)は次のようにまとめて表すことができます．

> **点電荷 ±q がつくる電場（クーロン電場）**
>
> 大きさ $E = \dfrac{q}{4\pi\varepsilon_0 r^2} = k\dfrac{q}{r^2}$
>
> 向き $\begin{cases} +q \text{ の場合：遠ざかる向き} \\ -q \text{ の場合：近づく向き} \end{cases}$ (3.9)
>
>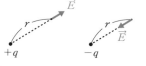
>
> （ε_0：真空の誘電率, k：クーロンの法則の比例定数, r：距離）

(3.9)の点電荷がつくる電場の式（クーロン電場の式）は，点電荷 q を始点 O とする位置ベクトル $\vec{r}$ と，始点 O から点 P へと向かう単位ベクトル $\vec{t}$ を用いると，q が正負どちらの値もとれるとして，下図のようにベクトルで非常にシンプルに表すことができます．

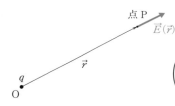

$$\vec{E}(\vec{r}) = k\frac{q}{r^2}\vec{t}$$

$\begin{pmatrix} \vec{r}：\text{点電荷 } q \text{ を始点とする点 P の位置ベクトル} \\ \vec{t}：\text{点電荷 } q \text{ から点 P へと向かう単位ベクトル} \end{pmatrix}$

このように表すと，正の点電荷（$q > 0$）なら生じる電場は点電荷 q から遠ざかる向き，負の点電荷（$q < 0$）なら点電荷 q へと近づく向きになり，向きまで含めて表すことができます．

また，単位ベクトル $\vec{t}$ は，$\vec{r}$ と $\vec{r}$ の大きさ r を用いることで，

$$\vec{t} = \frac{\vec{r}}{r}$$

と表せるので，この点電荷がつくる電場の式は

$$\vec{E} = k\frac{q}{r^2}\vec{t} = k\frac{q}{r^2}\frac{\vec{r}}{r} = k\frac{q}{r^3}\vec{r}$$ (3.10)

と表すこともできます（この式は，3-3 節で複数の点電荷がつくる電場の式を考える際にも用います）．

✎ コメント

このようにして静電気のマクスウェル方程式①から求めた電場の式(3.10)は，静電気のマクスウェル方程式②s も満たします（Appendix の問題 1-4 を参照）．ここから，この(3.10)は静電気のマクスウェル方程式の解といえます．

◆ 線電荷による電場

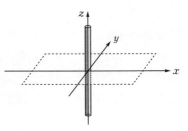

線電荷密度 $+\lambda$ の十分に長い線電荷（線状に分布した電荷）がつくる電場について考えてみましょう．ここでは，右図のように，線電荷の方向に z 軸を合わせるような座標軸をとることにします．

この線電荷がもつ並進対称性は次のとおりです．

線電荷がもつ並進対称性

z 軸方向にどんな平行移動をしても形は同じ．

また，回転対称性は次のとおりです．

線電荷がもつ回転対称性

(1) x 軸のまわりに $180°$ 回転をしても形は同じ．

(2) y 軸のまわりに $180°$ 回転をしても形は同じ．

(3) z 軸のまわりにどんな回転をしても形は同じ．

この回転対称性(1)と(2)は，上下を反転しても（ひっくり返しても）同じということです．

以上の対称性をすべて満たすような電場は下図のように，向きは線電荷から遠ざかる向きか，近づく向きのどちらかになり，大きさは線電荷から等距離の点ではどこでも同じになります．

対称性から許される電場

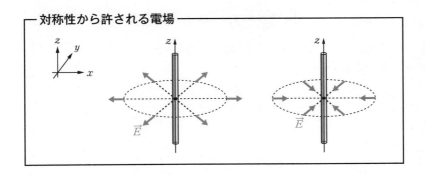

　そこで以下では，電場は線電荷から遠ざかる向きを正の向きとした E という成分のみをとるとして解説をしていきます．なお，この E は正と負の両方の値をとれるとし，$E > 0$ ならば遠ざかる向き，$E < 0$ ならば近づく向きに電場が生じているとします．

　それでは，線電荷による電場を求めていきましょう．

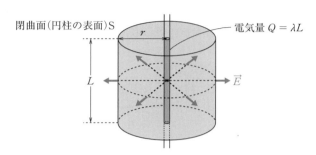

閉曲面(円柱の表面)S　　　電気量 $Q = \lambda L$

r

L　　　$\vec{E}$

　図のように，線電荷をとり囲むような任意の半径 r，長さ L の円柱の表面 S を考え，(3.3)のマクスウェル方程式①の積分形

$$\oint_S \vec{E} \cdot d\vec{S} = \frac{Q}{\varepsilon_0}$$

を適用します．この左辺は

$$\oint_S \vec{E} \cdot d\vec{S} = (電場の z 成分の大きさ) \times (上面の面積)$$
$$+ (電場の z 成分の大きさ) \times (下面の面積)$$
$$+ (電場の側面に垂直な成分の大きさ) \times (側面の面積)$$

で表されますが，対称性より電場の z 成分はゼロなので，第1項，第2項はゼロとなります．第3項は側面の面積が $2\pi r L$ で，電場の側面に垂直な成分の大きさが E であることより，

$$\oint_S \vec{E} \cdot d\vec{S} = E \times 2\pi r L = 2\pi r L E$$

となります．一方，右辺は，この円柱内の電気量 Q が線電荷密度 λ と長さ L のかけ算で表されるので，

$$\frac{Q}{\varepsilon_0} = \frac{\lambda L}{\varepsilon_0} \tag{3.11}$$

となります．

　よって，

$$2\pi r L E = \frac{\lambda L}{\varepsilon_0}$$

から,

$$E = \frac{\lambda}{2\pi\varepsilon_0 r} \tag{3.12}$$

が得られます．この $E > 0$ という結果は，生じる電場の向きが線電荷から遠ざかる向きであることを意味します．

　また，線電荷密度 $-\lambda$ の十分に長い負の線電荷がつくる電場を考える場合には，同様の議論により，半径 r の円柱内の電気量 Q が $-\lambda L$ になるため，(3.11) が

$$\frac{Q}{\varepsilon_0} = \frac{-\lambda L}{\varepsilon_0}$$

となり，(3.12) が

$$E = -\frac{\lambda}{2\pi\varepsilon_0 r} \tag{3.13}$$

となります．この $E < 0$ という結果は，生じる電場の向きが線電荷へと近づく向きであることを意味します．

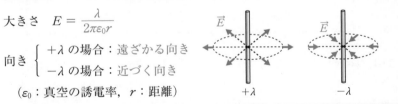

線電荷密度 $\pm\lambda$ の十分に長い線電荷がつくる電場

大きさ　$E = \dfrac{\lambda}{2\pi\varepsilon_0 r}$

向き $\begin{cases} +\lambda\,\text{の場合：遠ざかる向き} \\ -\lambda\,\text{の場合：近づく向き} \end{cases}$

（ε_0：真空の誘電率，r：距離）

$$\tag{3.14}$$

✐ コメント

　点電荷がつくる電場の式と同様に，ベクトルを用いると，線電荷密度 λ が正負どちらの値もとれるとして

$$\vec{E} = \frac{\lambda}{2\pi\varepsilon_0 r}\vec{t} \qquad \left(\begin{array}{l} \varepsilon_0\text{：真空の誘電率，}r\text{：線電荷からの距離} \\ \vec{t}\text{：線電荷から遠ざかる向きの単位ベクトル} \end{array}\right)$$

と非常にシンプルに表すことができます．なお，この電場の式は，静電気のマクスウェル方程式②s も満たします（Appendix の問題 1-5 を参照）．ここから，この式は静電気のマクスウェル方程式の解といえます．✐

◆ 面電荷による電場

　面電荷密度 $+\sigma\,(>0)$ の十分に広い面電荷(平
面状に分布した電荷)がつくる電場について考え
てみましょう. ここでは, 右図のように, 面電荷
の方向に y 軸と z 軸を合わせるような座標軸を
とることにします.

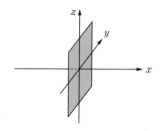

　この面電荷がもつ並進対称性は次のとおりで
す.

┌─ **面電荷がもつ並進対称性** ─────────────
　　(1)　y 軸方向にどんな平行移動をしても形は同じ.
　　(2)　z 軸方向にどんな平行移動をしても形は同じ.
└──────────────────────────────────

　また, 回転対称性は次のとおりです.

┌─ **面電荷がもつ回転対称性** ─────────────
　　(1)　x 軸のまわりにどんな回転をしても形は同じ.
　　(2)　y 軸のまわりに 180° 回転をしても形は同じ.
　　(3)　z 軸のまわりに 180° 回転をしても形は同じ.
└──────────────────────────────────

　以上の対称性をすべて満たすような電場は下図のように, 向きは面電荷から
遠ざかる向きか, 近づく向きのどちらかになり, 大きさは線電荷から等距離の
点ではどこでも同じになります.

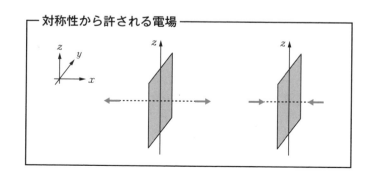

対称性から許される電場

そこで以下では，電場は面電荷から遠ざかる向きを正の向きとした E という成分のみをとるとして解説をしていきます．なお，この E は正と負の両方の値をとれるとし，$E > 0$ ならば遠ざかる向き，$E < 0$ ならば近づく向きに電場が生じているとします．

それでは，この電場を求めていきましょう．

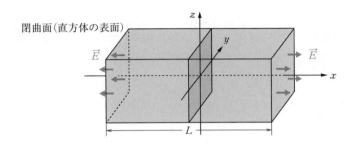

図のように，面電荷をとり囲むような任意の長さ L，断面積 S の直方体の表面を考え，(3.3)のマクスウェル方程式①の積分形

$$\oint_S \vec{E} \cdot d\vec{S} = \frac{Q}{\varepsilon_0}$$

を適用します．この左辺は

$$\oint_S \vec{E} \cdot d\vec{S} = (\text{電場の } x \text{ 成分の大きさ}) \times (\text{右側の底面の面積})$$
$$+ (\text{電場の } x \text{ 成分の大きさ}) \times (\text{左側の底面の面積})$$
$$+ (\text{電場の側面に垂直な成分の大きさ}) \times (\text{側面の面積})$$

で表されますが，電場の側面に垂直な成分はゼロとなるので，第3項はゼロとなります．第1，第2項は，それぞれ面積が S で電場の側面に垂直な成分の大きさが E であることより，

$$\oint_S \vec{E} \cdot d\vec{S} = ES + ES = 2ES$$

となります．一方，右辺はこの直方体内の電気量 Q が面電荷密度 σ と面積 S のかけ算で表されるので，

$$\frac{Q}{\varepsilon_0} = \frac{\sigma S}{\varepsilon_0} \tag{3.15}$$

となります．

よって，

$$2ES = \frac{\sigma S}{\varepsilon_0}$$

から

$$E = \frac{\sigma}{2\varepsilon_0} \tag{3.16}$$

が得られます. この $E > 0$ という結果は, 生じる電場の向きが面電荷から遠ざかる向きであることを意味します.

　また, 面電荷密度 $-\sigma$ の十分に広い負の面電荷がつくる電場を考える場合には, 同様の議論により, 直方体内の電気量 Q が $-\sigma S$ になるため, (3.15)が

$$\frac{Q}{\varepsilon_0} = \frac{-\sigma S}{\varepsilon_0}$$

となり, (3.16)が

$$E = -\frac{\sigma}{2\varepsilon_0} \tag{3.17}$$

となります. この $E < 0$ という結果は, 生じる電場の向きが面電荷へと近づく向きであることを意味します.

　以上, (3.16), (3.17)の結果をまとめます.

面電荷密度 $\pm\sigma$ の十分に広い面電荷がつくる電場

大きさ　$E = \dfrac{\sigma}{2\varepsilon_0}$

向き $\begin{cases} +\sigma \text{の場合：遠ざかる向き} \\ -\sigma \text{の場合：近づく向き} \end{cases}$

（ε_0：真空の誘電率）

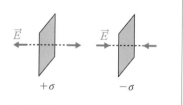

$$\tag{3.18}$$

✏️ コメント

　点電荷がつくる電場の式と同様に, ベクトルを用いると, 面電荷密度 σ が正負どちらの値もとれるとして

$$\vec{E} = \frac{\sigma}{2\varepsilon_0}\vec{t} \quad \left(\begin{array}{l} \varepsilon_0 \text{：真空の誘電率, } \sigma \text{：面電荷密度} \\ \vec{t} \text{：面電荷から遠ざかる向きの単位ベクトル} \end{array} \right)$$

と非常にシンプルに表すことができます. なお, この電場の式は, 静電気のマクスウェル方程式②sも満たします（Appendix の問題 1-6 を参照）. ここから, この式は静電気のマクスウェル方程式の解といえます. ✏️

3-3 クーロンの法則と複数の点電荷による電場

◆ クーロンの法則

静止した 2 つの点電荷が互いに及ぼし合う力は，これまで学んだ(3.4)と(3.9)から導出できます．このことを例題を解きながら学びましょう．

[例題 3-1]

図のように，距離 r だけ離れた点 S と点 T があり，点電荷 $+q_1$ が点 S に，点電荷 $+q_2$ が点 T に固定してあります．クーロンの法則の比例定数を k として，以下の問に答えなさい．

(1) 点電荷 $+q_1$ が点 T につくる電場 $\vec{E_1}$ の向きと大きさ E_1 を求めなさい．

(2) 点電荷 $+q_2$ が(1)の電場 $\vec{E_1}$ から受ける力の向きと大きさを求めなさい．

(3) 点電荷 $+q_2$ が点 S につくる電場 $\vec{E_2}$ の向きと大きさ E_2 を求めなさい．

(4) 点電荷 $+q_1$ が(3)の電場 $\vec{E_2}$ から受ける力の向きと大きさを求めなさい．

[解]

(1) 点電荷 $+q_1$ は正の電荷なので，$+q_1$ 自身から遠ざかる向きに電場をつくります．よって $\vec{E_1}$ の向きは，右向き．

大きさは，$E_1 = k\dfrac{q_1}{r^2}$.

(2) 点電荷 $+q_2$ は正の電荷なので，電場 $\vec{E_1}$ と同じ向きに力を受けます．よって求める力の向きは，右向き．

大きさは，$F = q_2 E_1 = k\dfrac{q_1 q_2}{r^2}$.

(3) 点電荷 $+q_2$ は正の電荷なので，$+q_2$ 自身から遠ざかる向きに電場をつくります．よって $\vec{E_2}$ の向きは，左向き．

大きさは，$E_2 = k\dfrac{q_2}{r^2}$.

(4) 点電荷 $+q_1$ は正の電荷なので，電場 $\vec{E_2}$ と同じ向きに力を受けます．よって求める力の向きは，左向き．

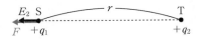

大きさは，$F = q_1 E_2 = k\dfrac{q_1 q_2}{r^2}$.

[例題 3-2]

　図のように，距離 r だけ離れた点 S と点 T が
あり，点電荷 $+q_1$ が点 S に，点電荷 $-q_2$ が点
T に固定してあります．クーロンの法則の比例
定数を k として，以下の問に答えなさい．

(1)　点電荷 $+q_1$ が点 T につくる電場 $\vec{E}_1$ の向きと大きさ E_1 を求めなさい．

(2)　点電荷 $-q_2$ が(1)の電場 $\vec{E}_1$ から受ける力の向きと大きさを求めなさい．

(3)　点電荷 $-q_2$ が点 S につくる電場 $\vec{E}_2$ の向きと大きさ E_2 を求めなさい．

(4)　点電荷 $+q_1$ が(3)の電場 $\vec{E}_2$ から受ける力の向きと大きさを求めなさい．

[解]

(1)　点電荷 $+q_1$ は正の電荷なので，$+q_1$ 自身
　　から遠ざかる向きに電場をつくります．
　　よって，$\vec{E}_1$ の向きは，右向き．

　　大きさは，$E_1 = k\dfrac{q_1}{r^2}$.

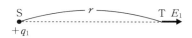

(2)　点電荷 $-q_2$ は負の電荷なので，電場 $\vec{E}_1$ と
　　逆向きに力を受けます．
　　よって，求める力の向きは，左向き．

　　大きさは，$F = q_2 E_1 = k\dfrac{q_1 q_2}{r^2}$.

(3)　点電荷 $-q_2$ は負の電荷なので，$-q_2$ 自身
　　へと近づく向きに電場をつくります．
　　よって，$\vec{E}_2$ の向きは，右向き．

　　大きさは，$E_2 = k\dfrac{q_2}{r^2}$.

(4)　点電荷 $+q_1$ は正の電荷なので，電場 $\vec{E}_2$ と
　　同じ向きに力を受けます．
　　よって，求める力の向きは，右向き．

　　大きさは，$F = q_1 E_2 = k\dfrac{q_1 q_2}{r^2}$.

　以上の例題 3-1，3-2 で，$+q_1$ と $+q_2$，$+q_1$ と $-q_2$ という 2 つの場合を調べ
ました．残りの $-q_1$ と $+q_2$，$-q_1$ と $-q_2$ の場合を調べ(Appendix の問題 1-7,
1-8 を参照)，両者の電荷と，はたらく力に注目すると，k の定義(3.8)を用い
て次のようにまとめることができます．これを**クーロンの法則**といいます．

点電荷 $\pm q_1$, $\pm q_2$ が互いに受ける力（クーロンの法則）

大きさ　$F = k \dfrac{q_1 q_2}{r^2} = \dfrac{q_1 q_2}{4\pi\varepsilon_0 r^2}$

向き $\begin{cases} \text{点電荷同士が同符号の場合：反発する向き} \\ \text{点電荷同士が逆符号の場合：引き合う向き} \end{cases}$

（k：クーロンの法則の比例定数，ε_0：真空の誘電率，r：距離）

✎ コメント

　クーロンの法則はフランス人のクーロンが名称の由来です．彼は自作のねじり秤で帯電した2つの小球に働く力を測定することで，この法則を確立させました．

◆ 複数の点電荷による電場

　複数の点電荷がつくる電場は，それぞれの点電荷がつくる電場を考えて，重ね合わせの原理から，それらのベクトルをたし算すれば求まります．ここでは例題を解きながら学んでいきましょう．

［例題 3-3］

　座標平面上の2点 A$(-a, 0)$，B$(a, 0)$ に，それぞれ $+q$，$-q$ の点電荷があります．クーロンの法則の比例定数を k として，以下の間に答えなさい．

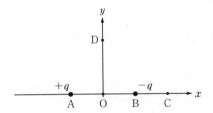

(1)　点 C$(0, 2a)$ の電場の大きさ及び向きを求めなさい．

(2)　点 D$(0, \sqrt{3}a)$ の電場の大きさ及び向きを求めなさい．

［解］

(1)　点 C に $+q$ がつくる電場を $\vec{E_1}$，$-q$ がつくる電場を $\vec{E_2}$ とすると，それぞれの電場の向き及び大きさは図のようになります．

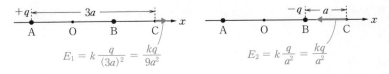

$$E_1 = k\frac{q}{(3a)^2} = \frac{kq}{9a^2} \qquad E_2 = k\frac{q}{a^2} = \frac{kq}{a^2}$$

　　求める電場を $\vec{E}_{\mathrm{C}}$ とすると，重ね合わせの原理よりベクトルのたし算をすることで，図のような向き及び大きさになります．

$$E_{\mathrm{C}} = E_2 - E_1 = \frac{kq}{a^2} - \frac{kq}{9a^2} = \frac{8kq}{9a^2} \quad (x \text{ 軸の負の向き})$$

(2)　点 D に $+q$ がつくる電場を $\vec{E}_3$，$-q$ がつくる電場を $\vec{E}_4$ とすると，それぞれの電場の向き及び大きさは図のようになります．

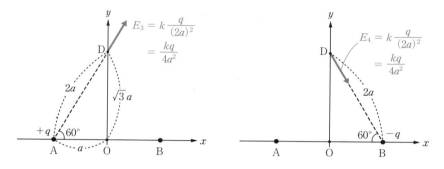

$$E_3 = k\frac{q}{(2a)^2} = \frac{kq}{4a^2}$$

$$E_4 = k\frac{q}{(2a)^2} = \frac{kq}{4a^2}$$

　　求める電場を $\vec{E}_{\mathrm{D}}$ とすると，重ね合わせの原理よりベクトルのたし算をすることで，図のような向き及び大きさになります．

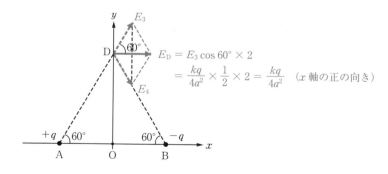

$$E_{\mathrm{D}} = E_3 \cos 60° \times 2 = \frac{kq}{4a^2} \times \frac{1}{2} \times 2 = \frac{kq}{4a^2} \quad (x \text{ 軸の正の向き})$$

　　それでは，複数の点電荷がつくる電場の一般式を求めましょう．

　　(3.10) で述べたように，原点 O にある点電荷 q が位置 $\vec{r}$ にある点 P につくる電場 $\vec{E}$ の式は，原点 O から点 P へと向かう単位ベクトル $\vec{t} = \vec{r}/r$ を用いることで，

$$\vec{E}(\vec{r}) = k\frac{q}{r^2}\vec{t} = k\frac{q}{r^2}\frac{\vec{r}}{r} = k\frac{q}{r^3}\vec{r}$$

と表すことができました.

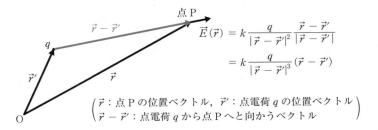

$$\vec{E}(\vec{r}) = k\frac{q}{|\vec{r}-\vec{r}'|^2}\frac{\vec{r}-\vec{r}'}{|\vec{r}-\vec{r}'|}$$

$$= k\frac{q}{|\vec{r}-\vec{r}'|^3}(\vec{r}-\vec{r}')$$

$$\begin{pmatrix} \vec{r}:点 \mathrm{P} \text{の位置ベクトル,} \quad \vec{r}':点電荷 q \text{の位置ベクトル} \\ \vec{r}-\vec{r}':点電荷 q \text{から点 P へと向かうベクトル} \end{pmatrix}$$

同様に考えて,図のように原点 O ではなく位置 $\vec{r}'$ にある点電荷 q が,位置 $\vec{r}$ の点 P につくる電場 $\vec{E}(\vec{r})$ の式は,点電荷から点 P に向かうベクトル $\vec{r}-\vec{r}'$ と,その単位ベクトル $(\vec{r}-\vec{r}')/|\vec{r}-\vec{r}'|$ を用いて,

$$\vec{E}(\vec{r}) = k\frac{q}{|\vec{r}-\vec{r}'|^2}\frac{\vec{r}-\vec{r}'}{|\vec{r}-\vec{r}'|} = \frac{kq}{|\vec{r}-\vec{r}'|^3}(\vec{r}-\vec{r}') \tag{3.19}$$

と表されます.

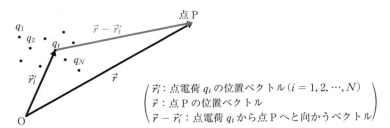

$$\begin{pmatrix} \vec{r}_i':点電荷 q_i \text{の位置ベクトル}(i=1,2,\cdots,N) \\ \vec{r}:点 \mathrm{P} \text{の位置ベクトル} \\ \vec{r}-\vec{r}_i':点電荷 q_i \text{から点 P へと向かうベクトル} \end{pmatrix}$$

この (3.19) をもとにすれば,複数の点電荷がつくる電場の式へと一般化できます.位置 $\vec{r}_1'$ にある点電荷 q_1,位置 $\vec{r}_2'$ にある点電荷 q_2,$\cdots$,位置 $\vec{r}_N'$ にある点電荷 q_N が,位置 $\vec{r}$ の点 P につくる電場 $\vec{E}$ は,重ね合わせの原理より,次のように表せます.

$$\vec{E}(\vec{r}) = \frac{kq_1}{|\vec{r}-\vec{r}_1'|^3}(\vec{r}-\vec{r}_1') + \frac{kq_2}{|\vec{r}-\vec{r}_2'|^3}(\vec{r}-\vec{r}_2') + \cdots + \frac{kq_N}{|\vec{r}-\vec{r}_N'|^3}(\vec{r}-\vec{r}_N')$$

これは $\sum$ の記号を用いれば,次のように表すこともできます.

$$\vec{E}(\vec{r}) = \sum_{i=1}^{N}\frac{kq_i}{|\vec{r}-\vec{r}_i'|^3}(\vec{r}-\vec{r}_i')$$

静 電 気 (2)

本章では，第3章に引き続き，静電気について解説します．4-1節では電位の定義とその関係式を，4-2節ではポアソン方程式と静電気におけるマクスウェル方程式の同値関係を解説します．

4-1 電 位

◆ 電 位

(3.2)の静電気のマクスウェル方程式②s

$$\vec{\nabla} \times \vec{E} = \vec{0}$$

から始めましょう．$\vec{E}$ のローテーションがゼロということから，(P2.37)と同じ論理により，次のことがいえます．

> $\vec{\nabla} \times \vec{E} = \vec{0}$ を満たす電場(すなわち静電場)$\vec{E}$ においては，
> $\vec{E}$ の線積分は始点と終点を決めれば値が1つに決まる．

そこで，始点を $\vec{r}_0$ と書いて固定して，終点 $\vec{r}$ を変数として扱った関数 $\phi = \phi(\vec{r})$ を

$$\phi(\vec{r}) = -\int_{\vec{r}_0}^{\vec{r}} \vec{E} \cdot d\vec{r}$$

と定義し，この ϕ を電位または静電ポテンシャルといいます(単位は V)．ちなみに，この定義で $\vec{r} = \vec{r}_0$ とすると，$\phi(\vec{r}_0) = -\int_{\vec{r}_0}^{\vec{r}_0} \vec{E} \cdot d\vec{r} = 0$ となるので，この $\phi = 0$ となる点 $\vec{r}_0$ を電位の基準点とよぶことにします．

電位(静電ポテンシャル) $\phi(\vec{r})$

$$\phi(\vec{r}) = -\int_{\vec{r}_0}^{\vec{r}} \vec{E} \cdot d\vec{r} \quad (\vec{E}：静電場，\vec{r}：位置，\vec{r}_0：基準点) \tag{4.1}$$

— マイナス符号は慣習によるものです．

電位が同じ点をつなげた線，面を，それぞれ**等電位線**，**等電位面**といいます．また，電位 ϕ の差のことを**電位差**または**電圧**といい，V という文字を用いて表すことが一般的です．たとえば，位置 $\vec{r}_1$ と位置 $\vec{r}_2$ の電位差 V は，

$$V = \phi(\vec{r}_2) - \phi(\vec{r}_1)$$

で表されます．これに (4.1) の電位の定義を代入して整理すると，

$$V = -\int_{\vec{r}_O}^{\vec{r}_2} \vec{E} \cdot d\vec{r} + \int_{\vec{r}_O}^{\vec{r}_1} \vec{E} \cdot d\vec{r}$$

$$= \int_{\vec{r}_2}^{\vec{r}_O} \vec{E} \cdot d\vec{r} + \int_{\vec{r}_O}^{\vec{r}_1} \vec{E} \cdot d\vec{r} \quad \longleftarrow \boxed{\text{経路を逆向きにすることで積分の符号を反転させた．}}$$

$$= \int_{\vec{r}_2}^{\vec{r}_1} \vec{E} \cdot d\vec{r} \quad \longleftarrow \boxed{\vec{r}_2 \text{から} \vec{r}_0 \text{，} \vec{r}_0 \text{から} \vec{r}_1 \text{という積分区間をつなげた．}}$$

となります．このように，電位差は静電場を積分すれば求まります．

 コメント

本書では電位差を負の値もとれる $V = \phi(\vec{r}_2) - \phi(\vec{r}_1)$ と定義しましたが，負の値をとらない $V = |\phi(\vec{r}_2) - \phi(\vec{r}_1)|$ と定義する本もあります．実際，どちらの意味でも用いられますので，状況に応じて柔軟に対応できるようにしましょう．

また，高等学校の物理では電位も電位差も同じ V という文字を用いましたが，大学では電位は ϕ，電位差は V という文字を用いて区別することが多いです．

◆ 電場と電位の関係式

位置 $\vec{r}$ における電位 $\phi(\vec{r})$ と，そこから微小変位 $\Delta\vec{r}$ だけずれた位置 $\vec{r} + \Delta\vec{r}$ における電位 $\phi(\vec{r} + \Delta\vec{r})$ の差を 2 通りの方法で計算することを通じて，$\vec{E}$ と ϕ の関係を $\vec{E} =$ の式の形で表してみましょう．

まず，(4.1) の電位の定義より，

$$\phi(\vec{r} + \Delta\vec{r}) - \phi(\vec{r}) = -\int_{\vec{r}_O}^{\vec{r}+\Delta\vec{r}} \vec{E} \cdot d\vec{r} - \left(-\int_{\vec{r}_O}^{\vec{r}} \vec{E} \cdot d\vec{r}\right)$$

$$= -\int_{\vec{r}_O}^{\vec{r}+\Delta\vec{r}} \vec{E} \cdot d\vec{r} - \int_{\vec{r}}^{\vec{r}_O} \vec{E} \cdot d\vec{r} \quad \longleftarrow \boxed{\text{経路を逆向きにすることで積分の符号を反転させた．}}$$

$$= -\left(\int_{\vec{r}}^{\vec{r}_O} \vec{E} \cdot d\vec{r} + \int_{\vec{r}_O}^{\vec{r}+\Delta\vec{r}} \vec{E} \cdot d\vec{r}\right) \quad \longleftarrow \boxed{\text{第 1 項と第 2 項を交換しマイナスでくくった．}}$$

$$= -\int_{\vec{r}}^{\vec{r}+\Delta\vec{r}} \vec{E} \cdot d\vec{r} \quad \longleftarrow \boxed{\vec{r} \text{から} \vec{r}_0 \text{，} \vec{r}_0 \text{から} \vec{r} + \Delta\vec{r} \text{という積分区間をつなげた．}}$$

$$= -\vec{E} \cdot \Delta\vec{r} \quad \longleftarrow \boxed{\vec{E} \text{がその間一定とみなせるほどに} \Delta\vec{r} \text{が微小なので，積分を単なる内積に変形した．}}$$

となります．

また一方で，$\vec{r}$ を $\vec{r} = (x, y, z)$，$\Delta\vec{r}$ を $\Delta\vec{r} = (\Delta x, \Delta y, \Delta z)$ と x, y, z 成分で表すと，$\vec{r} + \Delta\vec{r}$ は $\vec{r} + \Delta\vec{r} = (x + \Delta x, y + \Delta y, z + \Delta z)$ と表されることより，

$$\phi(\vec{r} + \Delta\vec{r}) - \phi(\vec{r}) = \phi(x + \Delta x, y + \Delta y, z + \Delta z) - \phi(x, y, z)$$

$$= \frac{\partial\phi}{\partial x}\Delta x + \frac{\partial\phi}{\partial y}\Delta y + \frac{\partial\phi}{\partial z}\Delta z \quad \longleftarrow \text{微分等式①(P1.5)}$$
を用いた．

$$= \left(\frac{\partial\phi}{\partial x}, \frac{\partial\phi}{\partial y}, \frac{\partial\phi}{\partial z}\right)\cdot(\Delta x, \Delta y, \Delta z) \quad \longleftarrow \text{内積の形で}$$
まとめた．

$$= (\vec{\nabla}\phi)\cdot\Delta\vec{r} \quad \longleftarrow \text{グラディエントの定義(P1.8)}$$
を用いた．

となります．

そして，上の 2 つの式を比較することで($\Delta\vec{r}$ は任意の向きで成り立つことより)，次の式が得られます．

電場と電位の関係式

$$\vec{E} = -\vec{\nabla}\phi \qquad (\vec{E}：静電場，\phi：電位) \tag{4.2}$$

この電場と電位の関係式を，P1-2 節のグラディエントの項で述べた，まとめと照らし合わせると，電場 $\vec{E}$ に対して次のイメージをもつことができます．

電場のイメージ($\vec{E} = -\vec{\nabla}\phi$ の意味)

電位 ϕ を"高さ"とみなしたとき，電場 $\vec{E}$ は

向　き：ボールが転がる向き

大きさ：ボールが転がる向きの，傾きの大きさ

✏ コメント

このような直観的に理解しやすいイメージをもてるのは，電位 $\phi(\vec{r})$ を $\phi(\vec{r}) = -\displaystyle\int_{\vec{r}_0}^{\vec{r}} \vec{E}\cdot d\vec{r}$ と，(4.1) のようにマイナスの符号をつけて定義したことで，電場 $\vec{E}$ の向きが電位 ϕ が最も低くなる向きになったためです．

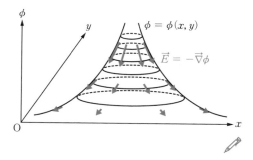

ここで，電場と電位の関係式を導出する流れを次のページにまとめます．

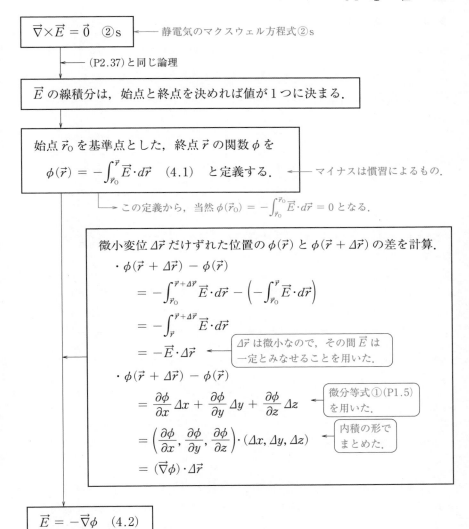

$$\vec{\nabla}\times\vec{E} = \vec{0} \quad \text{②s}$$ ←―― 静電気のマクスウェル方程式②s

←―― (P2.37)と同じ論理

$\vec{E}$ の線積分は，始点と終点を決めれば値が1つに決まる．

始点 $\vec{r}_0$ を基準点とした，終点 $\vec{r}$ の関数 ϕ を
$$\phi(\vec{r}) = -\int_{\vec{r}_0}^{\vec{r}}\vec{E}\cdot d\vec{r} \quad (4.1) \quad \text{と定義する．}$$ ←― マイナスは慣習によるもの．

―→ この定義から，当然 $\phi(\vec{r}_0) = -\int_{\vec{r}_0}^{\vec{r}_0}\vec{E}\cdot d\vec{r} = 0$ となる．

微小変位 $\Delta\vec{r}$ だけずれた位置の $\phi(\vec{r})$ と $\phi(\vec{r}+\Delta\vec{r})$ の差を計算．

・$\phi(\vec{r}+\Delta\vec{r}) - \phi(\vec{r})$

$$= -\int_{\vec{r}_0}^{\vec{r}+\Delta\vec{r}}\vec{E}\cdot d\vec{r} - \left(-\int_{\vec{r}_0}^{\vec{r}}\vec{E}\cdot d\vec{r}\right)$$

$$= -\int_{\vec{r}}^{\vec{r}+\Delta\vec{r}}\vec{E}\cdot d\vec{r}$$

$$= -\vec{E}\cdot\Delta\vec{r}$$ ←― $\Delta\vec{r}$ は微小なので，その間 $\vec{E}$ は一定とみなせることを用いた．

・$\phi(\vec{r}+\Delta\vec{r}) - \phi(\vec{r})$

$$= \frac{\partial\phi}{\partial x}\Delta x + \frac{\partial\phi}{\partial y}\Delta y + \frac{\partial\phi}{\partial z}\Delta z$$ ←― 微分等式①(P1.5)を用いた．

$$= \left(\frac{\partial\phi}{\partial x}, \frac{\partial\phi}{\partial y}, \frac{\partial\phi}{\partial z}\right)\cdot(\Delta x, \Delta y, \Delta z)$$ ←― 内積の形でまとめた．

$$= (\vec{\nabla}\phi)\cdot\Delta\vec{r}$$

$$\vec{E} = -\vec{\nabla}\phi \quad (4.2)$$

✎ コメント

　$\vec{E} = -\vec{\nabla}\phi$ を満たす ϕ に定数 ϕ_0 を加えた $\phi' = \phi + \phi_0$ という ϕ' を考え，この $-\vec{\nabla}\phi'$ を計算すると，$-\vec{\nabla}\phi' = -\vec{\nabla}(\phi+\phi_0) = -\vec{\nabla}\phi = \vec{E}$ となり，ϕ と同じ $\vec{E}$ を与えます．すなわち，ϕ にどんな定数 ϕ_0 を加えても，そこから導かれる $\vec{E}$ は同じになります．そのため，この定数 ϕ_0 の値を調整することで，どんな点であっても $\phi = 0$ にすることができます．このことは電位の基準点($\phi = 0$ の点)を自由に選ぶことができることを意味します． ✎

◆ 電位の定義の等価関係（1）

前項では，(4.1)の $\phi(\vec{r}) = -\int_{\vec{r}_0}^{\vec{r}} \vec{E} \cdot d\vec{r}$ から(4.2)の $\vec{E} = -\vec{\nabla}\phi$ を導出しま
したが，(4.2)を $\vec{\nabla}\phi = -\vec{E}$ と変形して，次のように両辺を基準点 $\vec{r}_0$ から注
目する点 $\vec{r}$ まで線積分すれば，(4.2)から(4.1)を導出することもできます．

$$\vec{\nabla}\phi = -\vec{E}$$

$$\int_{\vec{r}_0}^{\vec{r}} (\vec{\nabla}\phi) \cdot d\vec{r} = -\int_{\vec{r}_0}^{\vec{r}} \vec{E} \cdot d\vec{r} \quad \longleftarrow \boxed{\text{両辺を } \vec{r}_0 \text{ から } \vec{r} \text{ まで線積分をした.}}$$

$$\phi(\vec{r}) - \phi(\vec{r}_0) = -\int_{\vec{r}_0}^{\vec{r}} \vec{E} \cdot d\vec{r} \quad \boxed{\begin{array}{l}\text{グラディエントの積分定理}\\ \text{(P2.21)を用いた.}\end{array}}$$

$$\phi(\vec{r}) = -\int_{\vec{r}_0}^{\vec{r}} \vec{E} \cdot d\vec{r} \quad \boxed{\begin{array}{l}\phi = 0 \text{ とする点 } \vec{r}_0 \text{ を基準点とよぶ.}\\ \text{そのため, } \phi(\vec{r}_0) = 0 \text{ となる.}\end{array}}$$

つまり，(4.1)と(4.2)は，(基準点での電位をゼロにするという前提のもと
で)等価な関係にあります．

$$\boxed{\phi = -\int_{\vec{r}_0}^{\vec{r}} \vec{E} \cdot d\vec{r} \quad (4.1)} \xleftrightarrow[\text{等価}]{} \boxed{\vec{E} = -\vec{\nabla}\phi \quad (4.2)}$$

さて，一般の電場 $\vec{E}$ は，2-4節で述べたようにスカラーポテンシャル ϕ と
ベクトルポテンシャル $\vec{A}$ を用いて，(2.7)の

$$\vec{E} = -\vec{\nabla}\phi - \frac{\partial \vec{A}}{\partial t}$$

と表せました．これに対し，(4.2)では静電気という前提のもとに，

$$\vec{E} = -\vec{\nabla}\phi$$

という電場と電位(静電ポテンシャル)の関係を導出しましたが，これは(2.7)
の時間微分項 $\partial \vec{A}/\partial t$ をゼロにする，すなわち(2.7)を静電気の場合に適用する
ことによっても導出することができます．このことから，電位(または静電ポ
テンシャル)は，静電気という状況を考えているときのスカラーポテンシャル
の別名と考えることができます．

この流れの場合には，マクスウェル方程式からスカラーポテンシャルとベク
トルポテンシャルを定義し，静電気の場合のスカラーポテンシャルとして電位
を定義します．そして，$\vec{E} = -\vec{\nabla}\phi$ から $\phi(\vec{r}) = -\int_{\vec{r}_0}^{\vec{r}} \vec{E} \cdot d\vec{r}$ を導出します．

◆ 電位の定義の等価関係（2）

　電位の定義式は，前項で述べた等価関係以外にも，もう１つ別の等価関係があります．ここでは，それについて解説します．

　力学において，どんな経路であっても，始点と終点のみでその仕事

$$W = \int_C \vec{F} \cdot d\vec{r}$$

が一意に定まる力 $\vec{F}$ のことを保存力と呼び，$\vec{F}_{保存力}$ と書きました．そして，位置 $\vec{r}$ における位置エネルギー U は，基準点 $\vec{r}_0$ と保存力 $\vec{F}_{保存力}$ を用いて，

$$U = -\int_{\vec{r}_0}^{\vec{r}} \vec{F}_{保存力} \cdot d\vec{r} \tag{4.3}$$

と定義されました．これと電場の定義 $\vec{F} = q\vec{E}$ において，静電気力(すなわち静電場により電荷 q が受ける力)が保存力(の例)であること，つまり，

$$\vec{F}_{保存力} = q\vec{E} \tag{4.4}$$

と表せることから，(4.1)の電位 ϕ の定義

$$\phi = -\int_{\vec{r}_0}^{\vec{r}} \vec{E} \cdot d\vec{r}$$

が，位置エネルギー U を用いた電位 ϕ の定義

$$U = q\phi \tag{4.5}$$

と等価であることが導けます．

┌─ 電位 ϕ の定義 ─────────┐　　　　　┌─ 電位 ϕ の定義 ─────┐
│　$\phi = -\int_{\vec{r}_0}^{\vec{r}} \vec{E} \cdot d\vec{r}$　　(4.1)　│ ←等価→ │　$U = q\phi$　　(4.5)　│
└────────────────────┘　　　　　└──────────────┘

┌─ 用いるもの ──────────────────────────────────┐
│　$U = -\int_{\vec{r}_0}^{\vec{r}} \vec{F}_{保存力} \cdot d\vec{r}$　(4.3)，　$\vec{F}_{保存力} = q\vec{E}$　(4.4)　│
└──┘

✏ コメント

　力学で学んだように，力 $\vec{F}$ が保存力となる条件は $\vec{\nabla} \times \vec{F} = \vec{0}$ を満たすことですが((P2.37)を参照)，静電気力は $\vec{\nabla} \times \vec{E} = \vec{0}$ を満たす静電場 $\vec{E}$ による力 $\vec{F}(= q\vec{E})$ なので((3.4)を参照)，$\vec{\nabla} \times \vec{F} = \vec{0}$ を満たします．よって，静電気力は保存力となる条件を満たします．

　なお，仕事の定義の詳細は，拙著「講義がわかる 力学」を参照してください．　✏

それでは，(4.1)と(4.5)の等価関係を次の(i)，(ii)で示していきましょう.
(i)　(4.1)から(4.5)の導出

(4.1)に，(4.4)を変形した

$$\vec{E} = \frac{\vec{F}_{保存力}}{q}$$

を代入すると，

$$\phi = -\int_{\vec{r}_0}^{\vec{r}} \frac{\vec{F}_{保存力}}{q} \cdot d\vec{r}$$

より，

$$-\int_{\vec{r}_0}^{\vec{r}} \vec{F}_{保存力} \cdot d\vec{r} = q\phi$$

が得られます. これに(4.3)を代入すると，(4.5)が導出できます.
(ii)　(4.5)から(4.1)の導出

(4.5)に(4.3)を代入すると，

$$-\int_{\vec{r}_0}^{\vec{r}} \vec{F}_{保存力} \cdot d\vec{r} = q\phi$$

より，

$$\phi = -\int_{\vec{r}_0}^{\vec{r}} \frac{\vec{F}_{保存力}}{q} \cdot d\vec{r}$$

が得られます. これに(4.4)を代入すると，(4.1)が導出できます.

以上より，電位の定義の等価関係(1)，(2)をまとめると次のようになります.

> ### 電位 ϕ の定義の等価関係
>
> $$\phi = -\int_{\vec{r}_0}^{\vec{r}} \vec{E} \cdot d\vec{r} \quad (4.1)$$
>
> $$\vec{E} = -\vec{\nabla}\phi \quad (4.2) \qquad\qquad U = q\phi \quad (4.5)$$
>
> ($\vec{E}$：静電場，q：電気量，U：位置エネルギー)

電位についての理解を深めるために，点電荷，線電荷，面電荷がそれぞれつくる電位を求める例題を解いていきましょう.

まずは点電荷がつくる電場であるクーロン電場の式(3.9)から，点電荷がつくる電位を求める例題4-1を解いてみましょう.

[例題 4-1]

点電荷 q から距離 r 離れた点 P における電位 $\phi(r)$ を，点電荷がつくる電場の式 $E = k\dfrac{q}{r^2}$ から求めなさい．ここで E は点電荷から離れる向きを正の向きにとり，k はクーロンの法則の比例定数とし，電位の基準点は点電荷から距離 r_0 離れた点 S とします．

[解]

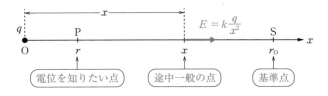

（4.1）の電位の定義式 $\phi(\vec{r}) = -\displaystyle\int_{\vec{r}_0}^{\vec{r}} \vec{E} \cdot d\vec{r}$ より，図のように x 軸をとると，点 S を基準点にした点 P の電位は次のように求まります．

$$\phi(r) = -\int_{r_0}^{r} E\,dx = -\int_{r_0}^{r} k\frac{q}{x^2}\,dx = \left[k\frac{q}{x}\right]_{r_0}^{r} = k\frac{q}{r} - k\frac{q}{r_0}$$

一般的には，基準点は点電荷から無限遠方に離れた点にとります．そのときは，$r_0 \to \infty$ より，$1/r_0 \to 0$ となるので

$$\phi(r) = k\frac{q}{r} - k\frac{q}{r_0} \quad \longrightarrow \quad k\frac{q}{r}$$

となります．また，（3.8）のクーロンの法則の比例定数の定義 $k = 1/4\pi\varepsilon_0$ を用いると，この式は次のようにも表されます．

$$\phi(r) = \frac{q}{4\pi\varepsilon_0 r}$$

点電荷 q がつくる電位

$$\phi(r) = k\frac{q}{r} = \frac{q}{4\pi\varepsilon_0 r} \quad \text{（基準：無限遠点）}$$

$$(k：クーロンの法則の比例定数，\varepsilon_0：真空の誘電率，r：距離)$$

(4.6)

　次に線電荷がつくる電場の式(3.14)から，線電荷がつくる電位を求める例題4-2を解いてみましょう.

[例題 4-2]

　十分に長い線電荷から距離 r 離れた点 P における電位 $\phi(r)$ を，線電荷がつくる電場の式 $E = \dfrac{\lambda}{2\pi\varepsilon_0 r}$ から求めなさい. ここで E は線電荷から離れる向きを正の向きにとり，λ は線電荷密度，ε_0 は真空の誘電率とし，電位の基準点は線電荷から距離 r_0 離れた点 S とします.

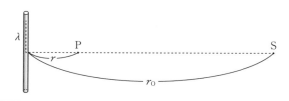

[解]

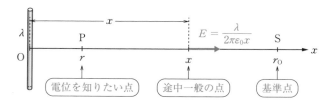

　(4.1)の電位の定義式 $\phi(\vec{r}) = -\displaystyle\int_{\vec{r_0}}^{\vec{r}} \vec{E}\cdot d\vec{r}$ より，図のように x 軸をとると，電位は次のように求まります.

$$\phi(r) = -\int_{r_0}^{r} E\,dx = -\int_{r_0}^{r} \frac{\lambda}{2\pi\varepsilon_0 x}\,dx = -\left[\frac{\lambda}{2\pi\varepsilon_0}\log_e x\right]_{r_0}^{r}$$

$$= -\left(\frac{\lambda}{2\pi\varepsilon_0}\log_e r - \frac{\lambda}{2\pi\varepsilon_0}\log_e r_0\right) = -\frac{\lambda}{2\pi\varepsilon_0}\log_e \frac{r}{r_0}$$

線電荷がつくる電位

$$\phi(r) = -\frac{\lambda}{2\pi\varepsilon_0}\log_e \frac{r}{r_0} \qquad (\text{基準：距離 } r_0 \text{ の点})$$

$\left(\begin{array}{l}\lambda：線電荷密度，\ \varepsilon_0：真空の誘電率\\ r：線電荷からの距離\end{array}\right)$

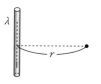

最後に面電荷がつくる電場の式(3.18)から，面電荷がつくる電位及びその電位差を求める例題 4-3 を解いてみましょう．

[例題 4-3]

十分に広い面電荷がつくる電場の式 $E = \dfrac{\sigma}{2\varepsilon_0}$ を用いて以下の問に答えなさい．ただし E は面電荷から離れる向きを正の向きにとり，$\sigma(>0)$ は面電荷密度，ε_0 は真空の誘電率とし，電位の基準点は面電荷の位置とします．

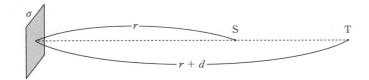

(1)　平面から距離 r 離れた点 S における電位 ϕ_S を求めなさい．

(2)　平面から距離 $r + d$ 離れた点 T における電位 ϕ_T を求めなさい．

(3)　ST 間の電位差 V を求めなさい．ただし，点 S 側を高電位とします．

[解]

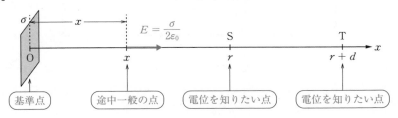

(1)　(4.1) の電位の定義式 $\phi(\vec{r}) = -\displaystyle\int_{\vec{r}_0}^{\vec{r}} \vec{E}\cdot d\vec{r}$ より，図のように x 軸をとると，点 S の電位は，

$$\phi_S = \phi(r) = -\int_0^r E\,dx = -\int_0^r \frac{\sigma}{2\varepsilon_0}\,dx = -\frac{\sigma}{2\varepsilon_0}\,r$$

(2)　点 T の電位は，

$$\phi_T = \phi(r + d) = -\int_0^{r+d} E\,dx = -\int_0^{r+d} \frac{\sigma}{2\varepsilon_0}\,dx = -\frac{\sigma}{2\varepsilon_0}\,(r + d)$$

(3)　ST 間の電位差は

$$V = \phi_S - \phi_T = -\frac{\sigma}{2\varepsilon_0}\,r - \left\{-\frac{\sigma}{2\varepsilon_0}\,(r + d)\right\} = \frac{\sigma}{2\varepsilon_0}\,d$$

なお，この例題の電場を E のまま計算すると，

$$\phi_{\mathrm{S}} = \phi(r) = -\int_0^r E\,dx = -Er$$

$$\phi_{\mathrm{T}} = \phi(r+d) = -\int_0^{r+d} E\,dx = -E(r+d)$$

$$V = \phi_{\mathrm{S}} - \phi_{\mathrm{T}} = Ed$$

となり，$V = Ed$ という関係式が成り立つことがわかります．

◆ 一様電場とその関係式

前項の例題 4-3 のような，向きと大きさのそろった電場のことを一様電場といい，電場 $\vec{E}$，電場に沿った距離 d，電位差 V の間に次の関係式が成り立ちます．

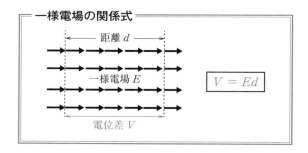

4-1 節の電場のイメージで述べたように，電位を"高さ"とみなしたとき，ボールが転がる向きが電場の向きに，傾きの大きさが電場の大きさに対応します．そのため，一様電場のときの電位のイメージは下図のように傾きが一定で右肩下がりの斜面に対応します．

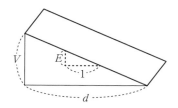

この図からも，比の式 $1 : E = d : V$ から，$V = Ed$ という関係式を導くことができます．

4-2 ポアソン方程式

◆ ポアソン方程式

4-1 節で静電気のマクスウェル方程式②s

$$\vec{\nabla} \times \vec{E} = \vec{0}$$

から導いた(4.2)の電場と電位の関係式

$$\vec{E} = -\vec{\nabla}\phi$$

を，マクスウェル方程式①

$$\vec{\nabla} \cdot \vec{E} = \frac{\rho}{\varepsilon_0}$$

に代入すると，

$$\vec{\nabla} \cdot (-\vec{\nabla}\phi) = \frac{\rho}{\varepsilon_0}$$

$$\triangle\phi = -\frac{\rho}{\varepsilon_0}$$

両辺を -1 倍した上で，ラプラシアンの満たす関係式(P2.39)を用いた.

が得られます．この式を**ポアソン方程式**といいます．

ポアソン方程式

$$\triangle\phi = -\frac{\rho}{\varepsilon_0} \qquad (\phi : \text{電位}, \ \rho : \text{電荷密度}, \ \varepsilon_0 : \text{真空の誘電率}) \tag{4.7}$$

そして，$\rho = 0$ の場合のポアソン方程式 $\triangle\phi = 0$ を，特に**ラプラス方程式**といいます．

◆ ポアソン方程式と静電気のマクスウェル方程式

前項で(3.2)の静電気のマクスウェル方程式

$$\vec{\nabla} \cdot \vec{E} = \frac{\rho}{\varepsilon_0} \tag{①}$$

$$\vec{\nabla} \times \vec{E} = \vec{0} \tag{②s}$$

から，(4.2)の電場と電位の関係式

$$\vec{E} = -\vec{\nabla}\phi$$

と，(4.7)のポアソン方程式

$$\triangle\phi = -\frac{\rho}{\varepsilon_0}$$

を導きましたが，実はその逆もいえて，(4.2)の電場と電位の関係式と(4.7)の
ポアソン方程式から(3.2)の静電気のマクスウェル方程式を導くこともできま
す．

いま，(4.7)のポアソン方程式

$$\triangle \phi = -\frac{\rho}{\varepsilon_0}$$

を，(P2.39)のラプラシアンの満たす関係式を用いて，

$$\vec{\nabla} \cdot (\vec{\nabla}\phi) = -\frac{\rho}{\varepsilon_0}$$

$$\vec{\nabla} \cdot (-\vec{\nabla}\phi) = \frac{\rho}{\varepsilon_0} \quad \longleftarrow \boxed{両辺を -1 倍した．}$$

と変形し，(4.2)の電場と電位の関係式 $\vec{E} = -\vec{\nabla}\phi$ を用いれば，

$$\vec{\nabla} \cdot \vec{E} = \frac{\rho}{\varepsilon_0}$$

が得られます．また，(4.2)の $\vec{E} = -\vec{\nabla}\phi$ の両辺のローテーションをとると，

$$\vec{\nabla} \times \vec{E} = \vec{\nabla} \times (-\vec{\nabla}\phi)$$
$$= -\vec{\nabla} \times (\vec{\nabla}\phi)$$
$$= \vec{0} \quad \longleftarrow \boxed{\mathrm{rot(grad)} \text{ の定理①(P2.33)を参照．}}$$

が得られます．

これにより，(4.7)のポアソン方程式 $\triangle \phi = -\rho/\varepsilon_0$ と(4.2)の電場と電位の
関係式 $\vec{E} = -\vec{\nabla}\phi$ から，静電気のマクスウェル方程式が導かれました．

以上から，この2つの関係式は等価といえます．

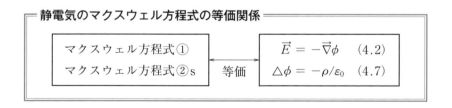

静電気のマクスウェル方程式の等価関係

マクスウェル方程式① マクスウェル方程式②s	等価	$\vec{E} = -\vec{\nabla}\phi$ (4.2) $\triangle \phi = -\rho/\varepsilon_0$ (4.7)

✏ コメント

電場 $\vec{E}$ は x, y, z の3成分があるのに対して，電位 ϕ は1成分しかないため，一
般に計算が楽です．そこでマクスウェル方程式①と②sから $\vec{E}$ を求める際に，まず
(4.7)から ϕ を求めて，その ϕ を(4.2)に代入する解き方をすることも多いです．✏

◆ 電位の重ね合わせの原理

ある電荷密度 $\rho_1(\vec{r})$ から電位 $\phi_1(\vec{r})$ が，別の電荷密度 $\rho_2(\vec{r})$ から電位 $\phi_2(\vec{r})$ が生じるときに，それぞれの合計に等しい電荷密度 $\rho(\vec{r}) = \rho_1(\vec{r}) + \rho_2(\vec{r})$ から

$$\phi(\vec{r}) = \phi_1(\vec{r}) + \phi_2(\vec{r})$$

の電位が生じます．これを**電位の重ね合わせの原理**といいます．

電位の重ね合わせの原理

$$\begin{array}{l} \rho_1 \longrightarrow \phi_1 \\ \rho_2 \longrightarrow \phi_2 \end{array} \quad \text{の場合に，} \quad \rho = \rho_1 + \rho_2 \longrightarrow \phi = ?$$

答 $\phi = \phi_1 + \phi_2$

この電位の重ね合わせの原理の証明は次のとおりです．

$\rho_1(\vec{r})$ から $\phi_1(\vec{r})$ が生じ，$\rho_2(\vec{r})$ から $\phi_2(\vec{r})$ が生じるなら，ポアソン方程式として

$$(\text{i}) \quad \triangle\phi_1 = -\frac{\rho_1}{\varepsilon_0}$$

$$(\text{ii}) \quad \triangle\phi_2 = -\frac{\rho_2}{\varepsilon_0}$$

が満たされます．ここで，

$$\frac{\rho_1 + \rho_2}{\varepsilon_0} = \frac{\rho_1}{\varepsilon_0} + \frac{\rho_2}{\varepsilon_0}$$

が成り立つことと，ラプラシアン$\triangle$の線形性(P2.41)より，

$$\triangle(\phi_1 + \phi_2) = \triangle\phi_1 + \triangle\phi_2$$

が成り立つことを用いて，(i)，(ii)をたすと，$\phi = \phi_1 + \phi_2$，$\rho = \rho_1 + \rho_2$ で定義される ϕ，ρ に対して

$$\triangle\phi = -\frac{\rho}{\varepsilon_0}$$

が成り立つことが導けます．

したがって，$\rho_1(\vec{r})$ から $\phi_1(\vec{r})$ が生じ，$\rho_2(\vec{r})$ から $\phi_2(\vec{r})$ が生じるなら，それぞれの合計 $\rho(\vec{r}) = \rho_1(\vec{r}) + \rho_2(\vec{r})$ から生じる電位は $\phi(\vec{r}) = \phi_1(\vec{r}) + \phi_2(\vec{r})$ で与えられることがわかります．

◆ 複数の点電荷による電位

　複数の点電荷がつくる電位は，それぞれの点電荷がつくる電位を1つずつ求めて，電位の重ね合わせの原理を用いれば簡単に求めることができます．そこで，まずは1つの点電荷がつくる電位の式から考えてみましょう．

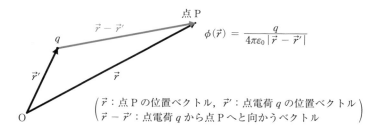

$$\phi(\vec{r}) = \frac{q}{4\pi\varepsilon_0 |\vec{r} - \vec{r}'|}$$

$$\begin{pmatrix} \vec{r}: 点 P の位置ベクトル，\vec{r}': 点電荷 q の位置ベクトル \\ \vec{r} - \vec{r}': 点電荷 q から点 P へと向かうベクトル \end{pmatrix}$$

　図のように，原点ではなく位置 $\vec{r}'$ にある点電荷 q が，位置 $\vec{r}$ の点 P につくる電位 $\phi(\vec{r})$ の式は，点電荷と点 P の距離が $|\vec{r} - \vec{r}'|$ と表せるので，

$$\phi(\vec{r}) = \frac{q}{4\pi\varepsilon_0 |\vec{r} - \vec{r}'|}$$

となります（(4.6) の r を $|\vec{r} - \vec{r}'|$ に書き換えたものです）．

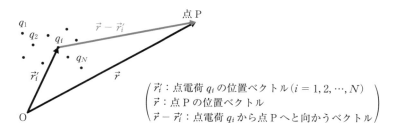

$$\begin{pmatrix} \vec{r}_i': 点電荷 q_i の位置ベクトル (i = 1, 2, \cdots, N) \\ \vec{r}: 点 P の位置ベクトル \\ \vec{r} - \vec{r}_i': 点電荷 q_i から点 P へと向かうベクトル \end{pmatrix}$$

　同様にして，位置 $\vec{r}_1', \vec{r}_2', \cdots, \vec{r}_N'$ にそれぞれ点電荷 $q_1, q_2, \cdots, q_N$ があるとき，これらの点電荷が位置 $\vec{r}$ の点 P につくる電位を考えてみましょう．点 P と点電荷 $q_i \, (i = 1, 2, \cdots, N)$ の間の距離は $|\vec{r} - \vec{r}_i'|$ と表せるので，求める点 P の電位 $\phi(\vec{r})$ は，無限遠点を基準点として，次のようになります．

$$\phi(\vec{r}) = \frac{q_1}{4\pi\varepsilon_0 |\vec{r} - \vec{r}_1'|} + \frac{q_2}{4\pi\varepsilon_0 |\vec{r} - \vec{r}_2'|} + \cdots + \frac{q_N}{4\pi\varepsilon_0 |\vec{r} - \vec{r}_N'|}$$

　これは，$\sum$ の記号を用いれば，次のように表すこともできます．

$$\phi(\vec{r}) = \sum_{i=1}^{N} \frac{q_i}{4\pi\varepsilon_0 |\vec{r} - \vec{r}_i'|}$$

［例題 4-4］

　座標平面上の 2 点 A$(-a, 0)$，B$(a, 0)$ に，それぞれ $+q$，$-q$ の点電荷があるとき，真空の誘電率を ε_0 として，以下の問に答えなさい.

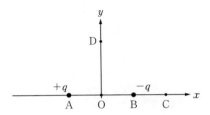

(1)　点 C$(0, 2a)$ の電位 ϕ_C を求めなさい.

(2)　点 D$(0, \sqrt{3}a)$ の電位 ϕ_D を求めなさい.

［解］

　$+q$，$-q$ がつくる電位をそれぞれ考えて，たし合わせれば求まります.

(1)　点 C に $+q$ がつくる電位を ϕ_1，$-q$ がつくる電位を ϕ_2 とすると，

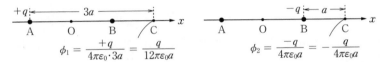

$$\phi_1 = \frac{+q}{4\pi\varepsilon_0 \cdot 3a} = \frac{q}{12\pi\varepsilon_0 a} \qquad \phi_2 = \frac{-q}{4\pi\varepsilon_0 a} = -\frac{q}{4\pi\varepsilon_0 a}$$

　求める電位 ϕ_C は，重ね合わせの原理より，

$$\phi_\text{C} = \phi_1 + \phi_2 = \frac{q}{12\pi\varepsilon_0 a} + \left(-\frac{q}{4\pi\varepsilon_0 a}\right) = -\frac{q}{6\pi\varepsilon_0 a}$$

(2)　点 D に $+q$ がつくる電位を ϕ_3，$-q$ がつくる電位を ϕ_4 とすると，

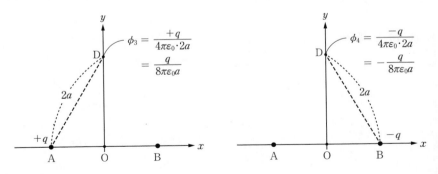

$$\phi_3 = \frac{+q}{4\pi\varepsilon_0 \cdot 2a} = \frac{q}{8\pi\varepsilon_0 a} \qquad \phi_4 = \frac{-q}{4\pi\varepsilon_0 \cdot 2a} = -\frac{q}{8\pi\varepsilon_0 a}$$

　求める電位 ϕ_D は，重ね合わせの原理より，

$$\phi_\text{D} = \phi_3 + \phi_4 = \frac{q}{8\pi\varepsilon_0 a} + \left(-\frac{q}{8\pi\varepsilon_0 a}\right) = 0$$

◆ 連続的な電荷分布による電位

　連続的に分布した電荷分布が, 位置 $\vec{r}$ にある点Pにつくる電位について考えてみましょう. この場合でも, 電荷分布を微小領域に分割して, 電荷密度 ρ と微小体積 $\Delta V'$ のかけ算で表される電気量 $\rho \Delta V'$ の点電荷の集合体とみなせば, その電位を計算することができます.

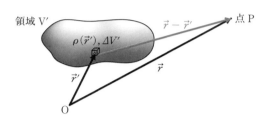

　電荷分布がある領域を V' とし, 位置 $\vec{r}'$ にある電荷密度を $\rho(\vec{r}')$, 微小体積を $\Delta V'$ とすると, この微小体積内の電気量 $\rho(\vec{r}')\Delta V'$ が位置 $\vec{r}$ にある点Pにつくる電位は, 無限遠点を基準点とすると,

$$\frac{\rho(\vec{r}')\Delta V'}{4\pi\varepsilon_0 |\vec{r} - \vec{r}'|}$$

となり, これを電荷分布がある領域 V' でたし合わせればよいので, 求める電位 $\phi(\vec{r})$ の式は

$$\phi(\vec{r}) = \int_{V'} \frac{\rho(\vec{r}')}{4\pi\varepsilon_0 |\vec{r} - \vec{r}'|}\, dV'$$

となります. これに(3.8)のクーロンの法則の比例定数 k の定義を用いると, 下のようにまとめることができます.

連続的な電荷分布がつくる電位

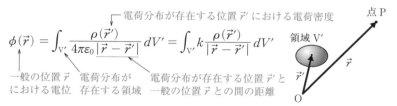

(ε_0：真空の誘電率, k：クーロンの法則の比例定数, 基準：無限遠点)

(4.8)

📖 参考

本書では紙面の都合のため扱いませんが，(3.9)のクーロン電場の式と静電気の重ね合わせの原理から，静電気のマクスウェル方程式①及び②sを導出することが可能です．4-1節で示した静電気のマクスウェル方程式①及び②sの等価関係と合わせて，次のような等価関係があります．

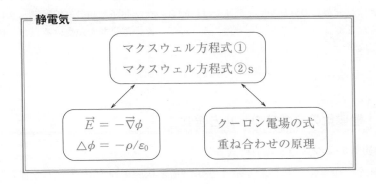

📖

静　磁　気　(1)

本章では，静磁気について解説します．5-1 節では静磁気におけるマクスウェル方程式と重ね合わせの原理を，5-2 節では静磁気の典型問題として直線電流とソレノイドを流れる電流がつくる磁束密度を，5-3 節では直線電流同士が受ける力と，複数の直線電流がつくる磁束密度を解説します．

5-1　静磁気のマクスウェル方程式

◆ 静磁気のマクスウェル方程式

第 5 章，第 6 章では，3-1 節で述べた定常状態のマクスウェル方程式(3.1)のうちの，静磁気のマクスウェル方程式

静磁気のマクスウェル方程式
$$③ \quad \vec{\nabla}\cdot\vec{B} = 0 \qquad ④s \quad \vec{\nabla}\times\vec{B} = \mu_0\vec{j} \tag{5.1}$$

及び，その積分形

静磁気のマクスウェル方程式の積分形
$$③ \quad \oint_S \vec{B}\cdot d\vec{S} = 0 \qquad ④s \quad \oint_C \vec{B}\cdot d\vec{r} = \mu_0 I \tag{5.2}$$

をもとに解説していきます．

なお，(5.1)の④s 及び(5.2)の④s をそれぞれ(微分形の)アンペールの法則及び積分形のアンペールの法則といいます．これらアンペールの法則はともに定常状態を前提とした法則であり，定常状態ではない一般の場合を考える際にはマクスウェル方程式④に戻って考えなおす必要があります．

📖 参考

アンペールはフランス人で，電流の単位の A（アンペア）の名称の由来になった人です．📖

◆ 静磁気における重ね合わせの原理

静磁気のマクスウェル方程式には電場 $\vec{E}$ と電荷密度 ρ は登場しないため，2-3 節で述べた重ね合わせの原理も，次のようにシンプルになります.

静磁気における重ね合わせの原理

$$\begin{array}{c} \vec{j}_1 \longrightarrow \vec{B}_1 \\ \vec{j}_2 \longrightarrow \vec{B}_2 \end{array} \quad \text{の場合に,} \quad \vec{j} = \vec{j}_1 + \vec{j}_2 \longrightarrow \vec{B} = ?$$

$$\text{答} \quad \vec{B} = \vec{B}_1 + \vec{B}_2$$

ある電流密度 $\vec{j}_1(\vec{r}, t)$ から磁束密度 $\vec{B}_1(\vec{r}, t)$ が，別の電流密度 $\vec{j}_2(\vec{r}, t)$ から磁束密度 $\vec{B}_2(\vec{r}, t)$ が生じるときに，それらの合計の電流密度 $\vec{j}_1(\vec{r}, t) + \vec{j}_2(\vec{r}, t)$ から生じる磁束密度は $\vec{B}_1(\vec{r}, t) + \vec{B}_2(\vec{r}, t)$ になります．これを，**静磁気における重ね合わせの原理**といいます.

◆ 電流素片

電流の流れる細長い微小領域のことを**電流素片**とよびます．電流素片は次の性質をもちます.

電流素片の性質

微小な長さを Δl，断面積を S，電流密度 $\vec{j}$ の大きさを j，電流を I，電流の向きに沿った単位ベクトルを $\vec{t}$ として，

・微小な体積 ΔV は，$\Delta V = S\,\Delta l$ (5.3)

・$\vec{j}$ と $\vec{t}$ は常に平行なので，$\vec{j} = j\vec{t}$

・$\vec{j}$ は断面 S に垂直で一様なので，$I = \int_S \vec{j} \cdot d\vec{S} = jS$

✎ コメント

電流素片は，あくまで電流が流れる領域内の細長い微小領域に注目したものであり，点電荷のように単独に空間に存在できるものではありません.

◆ 電 磁 力

電荷が分布しているある微小領域に注
目して，その体積を ΔV，電荷密度を ρ,
速度を $\vec{v}$，磁束密度を $\vec{B}$ とします．こ
の微小領域の電気量は $\rho\Delta V$ となるの
で，微小領域が受けるローレンツ力を
$\Delta\vec{F}$ と書くと，(1.10) より，

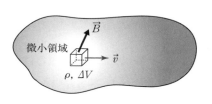

$$\Delta\vec{F} = \rho\Delta V\,\vec{v}\times\vec{B} \quad \text{◀} \boxed{\Delta F = q\vec{v}\times\vec{B}\ で\ q = \rho\Delta V\ とした.}$$
$$= \rho\vec{v}\times\vec{B}\,\Delta V \quad \text{◀} \boxed{\Delta V\ を後ろに移動させた.}$$
$$= \vec{j}\times\vec{B}\,\Delta V \quad \text{◀} \boxed{(1.6)を用いた.}$$

と書き換えることができます．

微小領域が電流素片の場合，(5.3) より

$$\Delta\vec{F} = j\,\vec{t}\times\vec{B}\,S\,\Delta l$$
$$= jS\vec{t}\times\vec{B}\,\Delta l$$
$$= I\,\vec{t}\times\vec{B}\,\Delta l$$
$$= \vec{I}\times\vec{B}\,\Delta l \quad \text{◀} \boxed{(1.2)を用いた.} \tag{5.4}$$

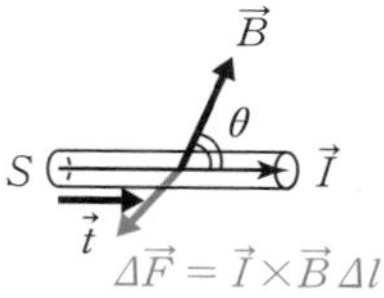

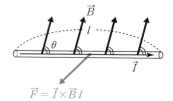

と表せます．

図のように，長さ l の直線電流においてその
すべての場所に同じ磁束密度 $\vec{B}$ がかかってい
る場合には，直線電流全体が受ける合力 $\vec{F}$ は，
$\Delta\vec{F}$ をたし合わせたものになるため，

$$\vec{F} = \vec{I}\times\vec{B}\,l \tag{5.5}$$

と表せます．そして，この (5.4) や (5.5) で表される力を**電磁力**といいます．

┌ 電磁力 ─

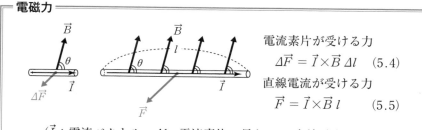

電流素片が受ける力
$$\Delta\vec{F} = \vec{I}\times\vec{B}\,\Delta l \quad (5.4)$$
直線電流が受ける力
$$\vec{F} = \vec{I}\times\vec{B}\,l \quad (5.5)$$

（$\vec{I}$：電流ベクトル，Δl：電流素片の長さ，l：直線電流の長さ）

✎ コメント

$\vec{I}$ と $\vec{B}$ のなす角度を θ とすると，電流素片及び直線電流が受ける電磁力の大きさ ΔF，F は，それぞれ

$$\Delta F = IB\Delta l \sin\theta, \quad F = IBl \sin\theta$$

と表せます．また，電磁力の向きは $\vec{I}$ から $\vec{B}$ へと右ねじを回したときにねじが進む向きになります．これは左手の親指と人差し指を伸ばして中指を内側に向けるように曲げて，中指を $\vec{I}$，人差し指を $\vec{B}$ の向きにしたときの，親指の向きとも言えます（P1-1 節を参照）．これが高等学校の物理で出てきたフレミングの左手の法則に対応しています．ちなみにフレミングはイギリス人で，マクスウェルが学生に向けて行った最後の講義を受けた人の 1 人です．

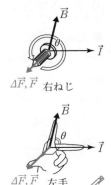

[例題 5-1]

図のように座標軸をとり，x 軸の正の向きに大きさ I の電流を流し，一様な大きさ B の磁束密度を xy 平面上で x 軸に対して θ の角をなすようにかけます．このと

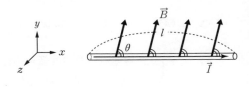

きに，直線電流の長さ l の部分が受ける電磁力の向きと大きさを求めなさい．

[解]

電流ベクトルを $\vec{I}$，磁束密度を $\vec{B}$ とするとき，電磁力は，$\vec{I}$ から $\vec{B}$ へと右ねじを回したときにねじの進む向きになるので，z 軸の正の向きとなります．その大きさ F は，$F = IBl \sin\theta$．

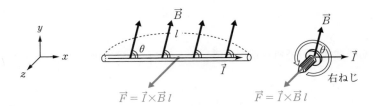

＊別解

$\vec{I} = (I, 0, 0)$，$\vec{B} = (B\cos\theta, B\sin\theta, 0)$ と表せることから，求める電磁力 $\vec{F}$ は，外積を成分計算すると，$\vec{F} = \vec{I} \times \vec{B}\, l = (I, 0, 0) \times (B\cos\theta, B\sin\theta, 0)l = (0, 0, IBl\sin\theta)$．

よって，z 軸の正の向きに，大きさ $F = IBl\sin\theta$．

5-2 さまざまな電流による磁束密度

◆ 直線電流による磁束密度

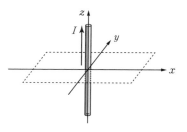

十分に長い直線電流がつくる磁束密度について考えましょう. 図のように z 軸を電流 I の向きに合わせるように座標軸をとります.

この直線電流がもつ並進対称性は次のようになります.

― **直線電流がもつ並進対称性** ―
z 軸方向にどんな平行移動をしても同じ.

また, 回転対称性は次のようになります.

― **直線電流がもつ回転対称性** ―
z 軸のまわりにどんな回転をしても同じ.

🖊 コメント

直線電流は, 3-2 節の線電荷がもつ「x 軸, y 軸のまわりに 180° 回転しても同じ」という回転対称性をもっていません. 直線電流の場合には, 電流が z 軸の正の向きに流れているので, x 軸や y 軸のまわりに 180° 回転したらその電流が z 軸の負の向きに流れることになってしまい, 状況が変わってしまうからです.

以上の対称性をすべて満たすような磁束密度を下図に表します.

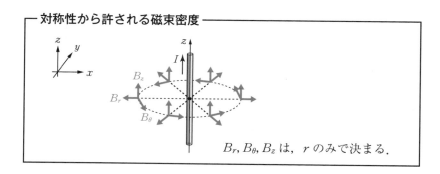

― **対称性から許される磁束密度** ―
B_r, B_θ, B_z は, r のみで決まる.

そこで以下では，磁束密度は直線電流から遠ざかる向きを正とした B_r，$+z$ 方向から見て反時計回りを正とした B_θ，$+z$ 方向を正とした B_z という，いずれも直線電流からの距離 r のみによって決まる成分をとるとして解説します．なお，各成分は負の値もとれるとして，負ならば逆向きということになります．

それでは，この磁束密度の各成分 B_r，B_θ，B_z を1つずつ求めていきましょう．

（Ⅰ） B_r を求める．

まず，図のように直線電流をとり囲む任意の半径 r，長さ L の円柱形の閉曲面 S を考えます．

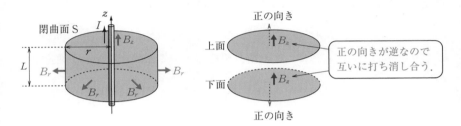

そして，この閉曲面 S に(5.2)のマクスウェル方程式③の積分形

$$\oint_S \vec{B} \cdot d\vec{S} = 0$$

を適用します．この閉曲面 S を垂直に貫く磁束密度は，上面と下面は B_z，側面は B_r のみになります．また，閉曲面の正の向きが外向きなので，上面と下面の B_z の面積積分は符号が逆向きになり，合計したらゼロになります．そのため，左辺は結局，側面の $B_r = B_r(r)$ の面積積分のみを考えることになり，側面の面積は $2\pi rL$ と表せることより，

$$\oint_S \vec{B} \cdot d\vec{S} = B_r(r) \times 2\pi rL = 2\pi rL \, B_r(r)$$

となります．これが右辺のゼロに等しいことから，

$$B_r(r) = 0 \tag{5.6}$$

とわかります．これより，B_r はどの位置でもゼロになることがわかりました．

（Ⅱ） B_θ を求める．

次に，図のように，直線電流をとり囲む半径 r の閉曲線 C_1（$+z$ 軸から見て反時計回りが正）を考えます．

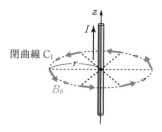

そして，この閉曲線 C_1 に(5.2)のマクスウェル方程式④sの積分形

$$\oint_{C_1} \vec{B} \cdot d\vec{r} = \mu_0 I$$

を適用します．左辺は，$B_\theta(r)$ に円周の長さ $2\pi r$ をかけ算した

$$\oint_{C_1} \vec{B} \cdot d\vec{r} = B_\theta(r) \times 2\pi r = 2\pi r \, B_\theta(r)$$

となります．一方，右辺は，この閉曲線を縁とする面内を電流 I が通過するので，

$$\mu_0 I$$

となります．よって，

$$2\pi r \, B_\theta(r) = \mu_0 I$$

から，

$$B_\theta(r) = \frac{\mu_0 I}{2\pi r} \tag{5.7}$$

が得られます．

（Ⅲ）　B_z を求める．

次に，図のように，xz 平面上で abcd からなる向きつきの閉曲線 C_2 を考えます．

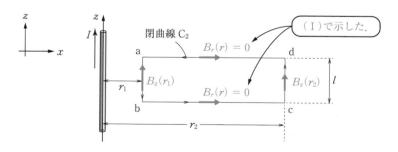

そして，この閉曲面 C_2 に(5.2)のマクスウェル方程式④sの積分形

$$\oint_{C_2} \vec{B} \cdot d\vec{r} = \mu_0 I$$

を適用します．（Ⅰ）で $B_r = 0$ となることを示したので，辺 bc と辺 da 部分は考えなくてよくなり，左辺は，

$$\oint_{C_2} \vec{B} \cdot d\vec{r} = -B_z(r_1) \times l + B_z(r_2) \times l$$

となります．一方，右辺は，この閉曲線を縁とする面内を通過する電流 I が存在しないので，

$$\mu_0 I = \mu_0 \times 0 = 0$$

となります．よって，

$$-B_z(r_1) \times l + B_z(r_2) \times l = 0$$

から，

$$B_z(r_1) = B_z(r_2)$$

が得られます．

r_1, $r_2 (> r_1)$ は任意の値にとることができるので，この結果は，生じる磁束密度の z 方向は，直線電流からの距離によらず一定値をとることを意味します．この r_2 を無限遠方まで伸ばして考えると，無限遠方まで含めて B_z は常に一定値をとることになり，無限遠方では B_z はゼロになると考えられるので，ここから $B_z = 0$ になると考えられます．よって

$$B_z(r) = 0 \tag{5.8}$$

と求まります．

以上，（Ⅰ）〜（Ⅲ）の結果をまとめると，直線電流から距離 r の点に生じる磁束密度 $B(r)$ は，直線電流に対して右ねじの進む向きに，大きさ

$$B(r) = \frac{\mu_0 I}{2\pi r}$$

となります．

十分に長い直線電流がつくる磁束密度

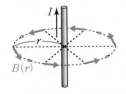

直線電流 I に対して右ねじの進む向きに

$$B(r) = \frac{\mu_0 I}{2\pi r} \tag{5.9}$$

（r：直線電流からの距離，μ_0：真空の透磁率）

✐ コメント

　本書では深入りしませんが，真空中では磁場(または磁界)H という量を $B = \mu_0 H$ で定義できます．これより，十分に長い直線電流 I が流れるとき，そこから距離 r の点に生じる磁場 H は，直線電流に対して右ねじの進む向きに，大きさ

$$H = \frac{I}{2\pi r}$$

になり，これが，高等学校の物理で学ぶ直線電流がつくる磁場の式に対応します．✐

◆ ソレノイドによる磁束密度

　円筒形に導線を密に巻いたものをソレノイドといいます．単位長さあたりの巻き数が n の十分に長いソレノイドに電流 I が流れている場合に，図のようにソレノイドの中心軸に沿って z 軸をとり，この電流がソレノイドの内部及び外部につくる磁束密度について考えてみましょう．

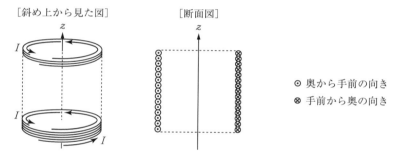

このソレノイドがもつ並進対称性は次のようになります．

```
─ソレノイドがもつ並進対称性──────
　$z$ 軸方向にどんな平行移動をしても同じ．
```

また，回転対称性は次のようになります．

```
─ソレノイドがもつ回転対称性──────
　$z$ 軸のまわりにどんな回転をしても同じ．
```

　以上の対称性をすべて満たすような磁束密度を次の図で表します．なお，図では半径 r をソレノイドの内側に描きましたが，外側の様子も同様です．

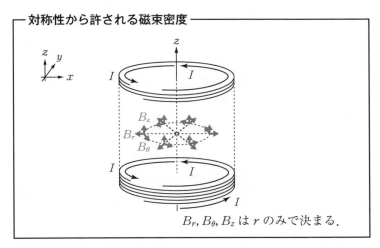

対称性から許される磁束密度

B_r, B_θ, B_z は r のみで決まる.

そこで以下では，磁束密度は z 軸から遠ざかる向きを正とした B_r，$+z$ 方向から見て反時計回りを正とした B_θ，$+z$ 方向を正とした B_z という，いずれも直線電流からの距離 r のみによって決まる成分をとるとして解説します．なお，各成分は負の値もとれるとして，負ならば逆向きということになります．

それでは，この磁束密度の各成分 B_r, B_θ, B_z を 1 つずつ求めていきましょう．

（Ⅰ）B_r を求める.

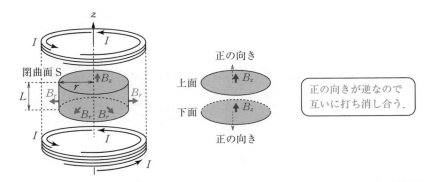

正の向きが逆なので
互いに打ち消し合う.

まず，図のように直線電流をとり囲む任意の半径 r，長さ L の円柱形の閉曲面 S を考え，(5.2) のマクスウェル方程式 ③ の積分形

$$\oint_S \vec{B} \cdot d\vec{S} = 0$$

を適用します(図では半径 r をソレノイドの内側に描きましたが，外側の様子も同様です).

この閉曲面Sを垂直に貫く磁束密度は，上面と下面はB_z，側面はB_rのみになります．また，閉曲面の正の向きが外向きなので，上面と下面のB_zの面積積分は符号が逆向きになり，合計したらゼロになります．そのため，左辺は結局，側面のB_rの面積積分のみを考えることになり，側面の面積は$2\pi rL$と表せることより，

$$\oint_S \vec{B} \cdot d\vec{S} = B_r(r) \times 2\pi rL = 2\pi rL\, B_r(r)$$

となります．これが右辺のゼロに等しいことから，

$$B_r(r) = 0 \tag{5.10}$$

とわかります．これより，B_rは，ソレノイドの内側，外側のどの位置でもゼロになることがわかりました．

(Ⅱ)　B_θ を求める．

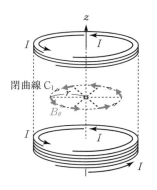

次に，図のように，ソレノイドの内側において半径 r の閉曲線 C_1（z 軸の正の向きから見て反時計回りが正）を考え，(5.2)のマクスウェル方程式④sの積分形

$$\oint_{C_1} \vec{B} \cdot d\vec{r} = \mu_0 I$$

を適用します．左辺は，$B_\theta(r)$ に円周の長さ $2\pi r$ をかけ算した

$$\oint_{C_1} \vec{B} \cdot d\vec{r} = B_\theta(r) \times 2\pi r = 2\pi r\, B_\theta(r)$$

となります．一方，右辺は，この閉曲線を縁とする面内を通過する電流はないので，

$$\mu_0 I = \mu_0 \cdot 0 = 0$$

となります．よって $2\pi r\, B_\theta(r) = 0$ から，

$$B_\theta(r) = 0 \tag{5.11}$$

が得られます．

⚑ 発展

本書では深入りしませんが，ソレノイドの外側に対して同様の考察をすると，電流の z 成分によって，ソレノイドの外側に B_θ が存在することを示せます．しかし，この B_θ は(Ⅲ-ⅲ)で求める内側の磁束密度 B_z と比べると小さいため，説明が省略されることも多いです．⚑

（Ⅲ） B_z を求める.

（Ⅲ-i） ソレノイドの外側の閉曲線を考える.

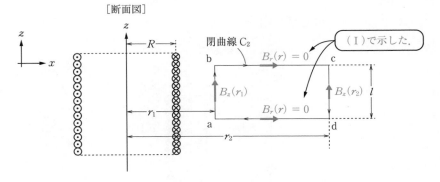

［断面図］

図のように，xz 平面上で abcd からなる向きつきの閉曲線 C_2 をソレノイドの外側に考え，(5.2)のマクスウェル方程式④s の積分形

$$\oint_{C_2} \vec{B} \cdot d\vec{r} = \mu_0 I$$

を適用します．左辺は，（Ⅰ）で $B_r = 0$ となることを示したので，辺 bc と辺 da 部分は考えなくてよくなり，

$$\oint_{C_2} \vec{B} \cdot d\vec{r} = B_z(r_1) \times l - B_z(r_2) \times l$$

となります．一方，右辺は，この閉曲線を縁とする面内を通過する電流 I が存在しないので，

$$\mu_0 I = \mu_0 \times 0 = 0$$

となります．よって，

$$B_z(r_1) \times l - B_z(r_2) \times l = 0$$

から，

$$B_z(r_1) = B_z(r_2)$$

が得られます.

このことは，ソレノイドの外側の B_z が，中心軸からの距離によらず一定値をとることを意味します．この r_2 を無限遠方まで伸ばして考えると，無限遠方まで含めて B_z は常に一定値をとることになり，無限遠方では B_z はゼロになると考えられるので，ここから $B_z = 0$ になると考えられます．よって

$$B_z(r) = 0 \tag{5.12}$$

が得られます.

　この(5.12)の結果は，ソレノイドの外側の B_z はどこでもゼロとなることを意味します.

（Ⅲ-ii）　ソレノイドの内側の閉曲線を考える.

[断面図]

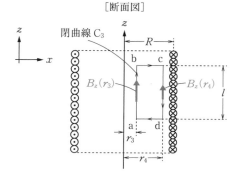

　図のように，xz 平面上で abcd からなる向きつきの閉曲線 C_3 をソレノイドの内側に考え，(5.2)のマクスウェル方程式④s の積分形

$$\oint_{C_3} \vec{B} \cdot d\vec{r} = \mu_0 I$$

を適用します．左辺は，（Ⅰ）で $B_r = 0$ となることを示したので，辺 bc と辺 da 部分は考えなくてよく，辺 ab と辺 cd 部分は $B_z(r)$ と同じ向きで，辺の正の向きが逆向きなので打ち消し合うため，

$$\oint_{C_3} \vec{B} \cdot d\vec{r} = B_z(r_3) \times l - B_z(r_4) \times l$$

となります．一方，右辺は，この閉曲線を縁とする面内を通過する電流 I が存在しないので，

$$\mu_0 I = \mu_0 \times 0 = 0$$

となります．よって，

$$B_z(r_3) \times l - B_z(r_4) \times l = 0$$

から，

$$B_z(r_3) = B_z(r_4) \tag{5.13}$$

が得られます.

　この(5.13)の結果は，ソレノイドの内側の B_z はどこでも一定値となることを意味します.

（Ⅲ-iii）　ソレノイドの内側と外側をまたぐ閉曲線を考える.

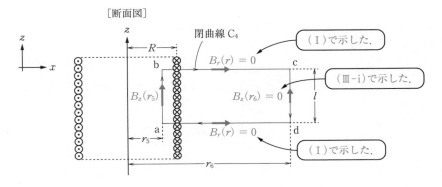

　図のように，xz 平面上で abcd からなる向きつきの閉曲線 C_4 をソレノイドの内側と外側をまたぐように考え，(5.2)のマクスウェル方程式②s の積分形

$$\oint_{C_4} \vec{B} \cdot d\vec{r} = \mu_0 I$$

を適用します．左辺は，（Ⅰ）で $B_r = 0$ となることを示したので，辺 bc と辺 da 部分は考えなくてよくなり，さらに，（Ⅲ-i）でソレノイドの外側の磁束密度の z 成分はゼロとなることを示したので，$B_z(r_6) = 0$ となり，結局，

$$\int_{C_4} \vec{B} \cdot d\vec{r} = B_z(r_5) \times l$$

となります.

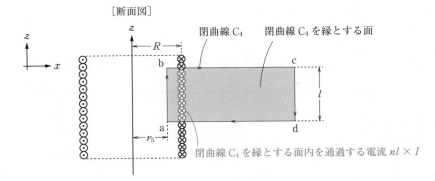

　一方，右辺は，$\mu_0 \times$（閉曲面 C_4 を縁とする面内を通過する電流）を意味し，この（閉曲面 C_4 を縁とする面内を通過する電流）は，今回の状況では電流 I を巻き数倍した（すなわち nl 倍した）$nl \times I$ となるので，結局，右辺は

$$\mu_0 nlI$$

となります．よって

$$B_z(r_5) \times l = \mu_0 nlI$$

から，次の式が得られます．

$$B_z(r_5) = \mu_0 nI \tag{5.14}$$

　この結果と(5.13)の結果を合わせると，ソレノイドの内側の B_z はどこでも一定値

$$B_z = \mu_0 nI$$

をとることがわかります．

　また，この B_z の向きについては，ソレノイドに流れる電流の向きを右ねじが回る向きとしたときに，右ねじが進む向きに対応しています．

　以上，(Ⅰ)〜(Ⅲ)の結果をまとめると，十分に長いソレノイドに流れる電流がその内側につくる磁束密度は，電流を右ねじが回る向きとしたときの右ねじが進む向きに，大きさ

$$B = \mu_0 nI$$

で一様な値となります．

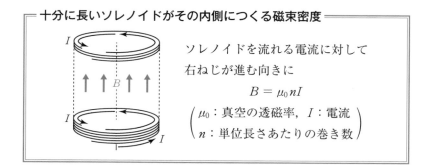

十分に長いソレノイドがその内側につくる磁束密度

ソレノイドを流れる電流に対して
右ねじが進む向きに

$$B = \mu_0 nI$$

$\left(\begin{array}{l} \mu_0 : 真空の透磁率,\ I : 電流 \\ n : 単位長さあたりの巻き数 \end{array} \right)$

✏ コメント

　直線電流がつくる磁束密度のコメントで述べた磁場 H を用いれば，単位長さあたりの巻き数が n の十分に長いソレノイドに電流 I が流れるときにその内側に生じる磁場 H は，その内側に右ねじが進む向きに，大きさ

$$H = nI$$

になります．これが，高等学校の物理で学ぶソレノイドに流れる電流がつくる磁場の式に対応します．

5-3 平行な電流が及ぼし合う力と複数の電流による磁束密度

◆ 平行な電流が及ぼし合う力

ここまでで述べた直線電流 I がつくる磁束密度の式(5.9)と電磁力の式(5.5)から，2つの平行な電流同士が互いに及ぼし合う力を導出することができます．例題を解きながら，このことについて考えてみましょう．

[例題 5-2]

真空中に，2本の十分に長い直線電流 I_1, I_2 が図のように同じ向きに流れています．2本の直線電流は距離 d だけ離れて平行に置かれており，真空の透磁率を μ_0 として，以下の問に答えなさい．

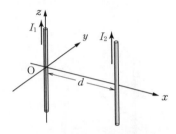

(1) 電流 I_1 が，電流 I_2 の位置につくる磁束密度 $\vec{B}_1$ の大きさと向きを求めなさい．

(2) 電流 I_2 の長さ l の部分が，$\vec{B}_1$ から受ける電磁力 $\vec{F}_2$ の大きさと向きを求めなさい．

(3) 電流 I_2 が，電流 I_1 の位置につくる磁束密度 $\vec{B}_2$ の大きさと向きを求めなさい．

(4) 電流 I_1 の長さ l の部分が，$\vec{B}_2$ から受ける電磁力 $\vec{F}_1$ の大きさと向きを求めなさい．

[解]

(1) 電流 I_1 が電流 I_2 の位置につくる磁束密度 $\vec{B}_1$ は，図のように y 軸の正の向きに大きさ $\dfrac{\mu_0 I_1}{2\pi d}$ となります．

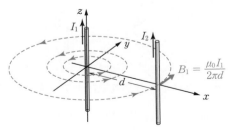

$$B_1 = \frac{\mu_0 I_1}{2\pi d}$$

(2) 電流 I_2 の長さ l の部分が受ける電磁力 $\vec{F_2} = \vec{I_2} \times \vec{B_1}\, l$ は，電流 $\vec{I_2}$ と $\vec{B_1}$ が垂直

なので，図のように x 軸の負の向きに大きさ $F_2 = I_2 B_1 l = \dfrac{\mu_0 I_1 I_2 l}{2\pi d}$ となります．

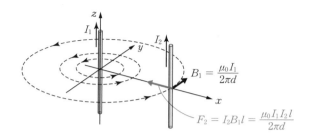

(3) 電流 I_2 が電流 I_1 の位置につくる磁束密度 $\vec{B_2}$ は，図のように y 軸の負の向きに

大きさ $\dfrac{\mu_0 I_2}{2\pi d}$ となります．

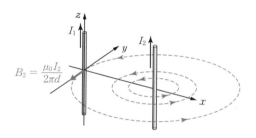

(4) 電流 I_1 の長さ l の部分が受ける電磁力 $\vec{F_1} = \vec{I_1} \times \vec{B_2}\, l$ は，電流 $\vec{I_1}$ と $\vec{B_2}$ が垂直

なので，図のように x 軸の正の向きに大きさ $F_1 = I_1 B_2 l = \dfrac{\mu_0 I_1 I_2 l}{2\pi d}$ となります．

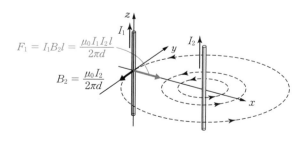

以上より，同じ向きに流れる平行な電流同士は，大きさ $F = \dfrac{\mu_0 I_1 I_2 l}{2\pi d}$ の力を

互いに引き合う向きに及ぼし合うことが導けました．また，同様にして，逆向

きに流れる平行な電流同士は，大きさ $F = \dfrac{\mu_0 I_1 I_2 l}{2\pi d}$ の力を互いに反発する向き

に及ぼし合うことを導くことができます（Appendix の問題 1-9 を参照）．

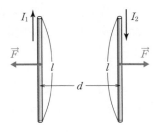

これらをまとめると，次のようになります．

━平行で十分に長い電流同士が互いに及ぼし合う力━

（i）電流が同じ向きの場合　　（ii）電流が逆向きの場合

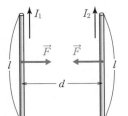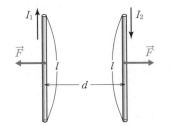

引き合う向きに　　　　　　反発する向きに

$$F = \dfrac{\mu_0 I_1 I_2 l}{2\pi d} \qquad\qquad F = \dfrac{\mu_0 I_1 I_2 l}{2\pi d}$$

$\left(\begin{array}{l} F：力の大きさ，\ I_1, I_2：電流の大きさ，\ l：電流の長さ \\ d：平行な電流同士の間隔，\ \mu_0：真空の透磁率 \end{array}\right)$

(5.15)

✎ コメント

2つの平行で十分に長い直線電流が互いに受ける力は，2つの電流が同じ向きの場合は引力となり，逆向きの場合は斥力となります．このことは同符号の場合は斥力で逆符号の場合は引力となる2つの点電荷が互いに受ける力（クーロン力）とよく対比されます． ✎

◆ 旧 SI 単位系における 1 A の定義

　本書では，初等電磁気学でもっとも広く用いられている **SI 単位系**とよばれる単位系で電磁気学を記述していますが，この SI 単位系は 2018 年に改定されています．改定される前の単位系(以下では**旧 SI 単位系**とよびます)では，(5.15)の十分に長い平行な電流同士が互いに及ぼし合う力の式

$$F = \frac{\mu_0 I_1 I_2 l}{2\pi d}$$

が，<u>1 A (アンペア)の定義</u>を与える式でした．すなわち，旧 SI 単位系では 1 A を，「無限に長く，無限に小さい円形断面積をもつ 2 本の直線状導体を真空中に 1 m の間隔で平行においたとき，長さ 1 m につき 2×10^{-7} N の力を及ぼし合う導体のそれぞれに流れる電流の大きさ」と定義していました．

　これは具体的にいえば，上の式で $l = 1\,\mathrm{m}$, $d = 1\,\mathrm{m}$, $F = 2 \times 10^{-7}$ N とおくと，

$$2 \times 10^{-7}\,\mathrm{N} = \frac{\mu_0 I_1 I_2 \times 1\,\mathrm{m}}{2\pi \times 1\,\mathrm{m}}$$

より，

$$\mu_0 I_1 I_2 = 4\pi \times 10^{-7}\,\mathrm{N}$$

となること考慮して，真空の透磁率(磁気定数) μ_0 を

$$\mu_0 = 4\pi \times 10^{-7}\,\mathrm{N/A^2}$$

電流 I_1, I_2 を

$$I_1 = I_2 = 1\,\mathrm{A}$$

と定義することを意味します．そして旧 SI 単位系では，この 1 A の定義をもとに，「1 A の電流が 1 秒間流れるときに通過する電気量」として 1 C(クーロン)を定義していました．

　これに対し改定後の SI 単位系では，まず電気素量 e を

$$e = 1.602176634 \times 10^{-19}\,\mathrm{C}$$

と定義し，その $1/(1.602176634 \times 10^{-19})$ として 1 C を定義します．そして，これをもとに，1 A を「1 秒間に通過する電気量が 1 C となるときの電流」として定義します．そのため，μ_0 は定義値ではなくなり，

$$\mu_0 = 1.256\cdots \times 10^{-6}\,\mathrm{N/A^2}$$

という誤差を含んだ測定値となります．

⚑ 発展　**単位系によらないマクスウェル方程式**

　本書では，SI 単位系でマクスウェル方程式を記述していますが．他にもガウス単位系，静電(CGS-esu)単位系，電磁(CGS-emu)単位系や，ヘビサイド単位系といった単位系でマクスウェル方程式は記述できます．

　これらのどの単位系でも成り立つマクスウェル方程式とローレンツ力は次のように表されます．

マクスウェル方程式

$$① \quad \vec{\nabla}\cdot\vec{E} = \frac{\alpha}{\varepsilon_0}\rho, \qquad ② \quad \vec{\nabla}\times\vec{E} = -\frac{1}{\gamma}\frac{\partial\vec{B}}{\partial t}$$

$$③ \quad \vec{\nabla}\cdot\vec{B} = 0, \qquad\qquad ④ \quad \vec{\nabla}\times\vec{B} = \frac{\alpha\mu_0}{\gamma}\vec{j} + \frac{\mu_0\varepsilon_0}{\gamma}\frac{\partial\vec{E}}{\partial t}$$

ローレンツ力

$$\vec{F} = q\vec{E} + \frac{1}{\gamma}q\vec{v}\times\vec{B}$$

ここで γ，ε_0，μ_0 は，光速 c と

$$c = \frac{\gamma}{\sqrt{\varepsilon_0\mu_0}}$$

という関係を満たす定数です．また α も定数で，γ，ε_0，μ_0，α は選ぶ単位系ごとに値が変わります．下に代表的な単位系の定数の選び方についてまとめておきます．なお，定数 γ，μ_0，ε_0 は，そのうち2つを決めると，上の関係式からもう1つの定数が自動的に決まる構造をしていますので，それについては矢印で示しました．

	旧 SI	ガウス	静電(CGS-esu)	電磁(CGS-emu)	ヘビサイド
α	1	4π	4π	4π	1
γ	1		1	1	
μ_0	$4\pi\times10^{-7}\,\mathrm{N/A^2}$	1		1	1
ε_0		1	1		1
	$\downarrow$	$\downarrow$	$\downarrow$	$\downarrow$	$\downarrow$
	$\varepsilon_0 = \dfrac{1}{c^2\mu_0}$	$\gamma = c$	$\mu_0 = \dfrac{1}{c^2}$	$\varepsilon_0 = \dfrac{1}{c^2}$	$\gamma = c$

　現在の SI 単位系では，前述のとおり μ_0 は定義値ではなくなりますが，$c = \dfrac{\gamma}{\sqrt{\varepsilon_0\mu_0}}$ という関係は成り立ち，α と γ は $\alpha = \gamma = 1$ です．⚑

◆ 複数の直線電流による磁束密度

　複数の直線電流がつくる磁束密度は，それぞれの直線電流がつくる磁束密度を考えて（(5.9)を参照），重ね合わせの原理からそれらのベクトルのたし算をすれば求まります．これについては，例題を解きながら学んでいきましょう．

[例題 5-3]

　図のように，xy 平面上の $(-d, 0)$ の位置と $(d, 0)$ の位置に，ともに奥から手前の向きに十分長い直線電流 I が流れています．このとき，点 $P(0, \sqrt{3}d)$ における磁束密度の大きさを求め，向きを図示しなさい．ただし，真空の透磁率を μ_0 とします．

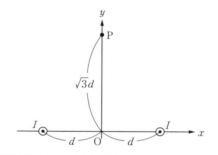

[解]

　複数の直線電流がつくる磁束密度は，各々の直線電流がつくる磁束密度を考えて，重ね合わせの原理により，それらのベクトルのたし算をすれば求まります．

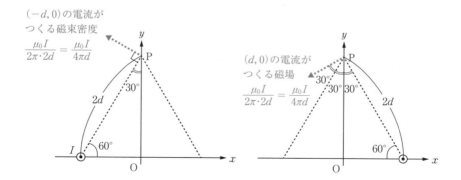

　$(-d, 0)$ の電流がつくる磁束密度は左図，$(d, 0)$ の電流がつくる磁束密度は右図のようになります．

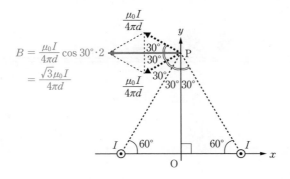

それらのベクトルのたし算が求める磁束密度になるので，上図のように，x 軸の負の向きに，大きさ

$$B = \frac{\mu_0 I}{4\pi d} \cos 30° \cdot 2 = \frac{\sqrt{3}\,\mu_0 I}{4\pi d}$$

となります．

このように，複数の電流がつくる磁束密度は，それぞれの電流がつくる磁束密度を考えて，重ね合わせの原理を用いれば一般に求めることができます．

静 磁 気 (2)

本書の最後となる本章では，第5章に引き続き，静磁気について解説します．6-1節では定常状態の電流密度がつくるベクトルポテンシャルの式を，6-2節ではこのベクトルポテンシャルの式をもとにビオ‐サバールの法則を導出します．そして，ビオ‐サバールの法則を用いて，さまざまな例題を解いていきます．

6-1 電流密度によるベクトルポテンシャルの式

◆ 静磁気のマクスウェル方程式の等価性

(5.1)のマクスウェル方程式③

$$\vec{\nabla}\cdot\vec{B} = 0$$

から始めましょう．$\vec{B}$ のダイバージェンスがゼロということから，(P2.25)のdiv(rot)の定理②より，

$$\vec{B} = \vec{\nabla}\times\vec{A} \tag{6.1}$$

となる $\vec{A}$ が存在し，この $\vec{A}$ をベクトルポテンシャルといいます(2-4節を参照)．

さて，この(6.1)を(5.1)のマクスウェル方程式④sに代入して，(P2.40)の同値変形を用いると，

$$\vec{\nabla}\times\vec{B} = \mu_0\vec{j}$$
$$\vec{\nabla}\times(\vec{\nabla}\times\vec{A}) = \mu_0\vec{j} \quad \longleftarrow \boxed{(6.1)\text{を代入した．}}$$
$$\vec{\nabla}(\vec{\nabla}\cdot\vec{A}) - \triangle\vec{A} = \mu_0\vec{j} \quad \longleftarrow \boxed{(\text{P2.40})\text{を用いた．}}$$

となり，これに(2.11)のクーロンゲージ($\vec{\nabla}\cdot\vec{A} = 0$)を用いると，左辺の第1項がゼロになるので，

$$-\triangle\vec{A} = \mu_0\vec{j}$$

より，次の式が得られます．

$$\triangle\vec{A} = -\mu_0\vec{j} \tag{6.2}$$

以上より，クーロンゲージのもとで，(5.1)のマクスウェル方程式③と④sから(6.1), (6.2)が導けました．

　一方で，(6.1)と(6.2)から(5.1)のマクスウェル方程式③と④s を導くこと
もできます．(6.1)の両辺のダイバージェンスをとると，

$$\vec{\nabla}\cdot\vec{B} = \vec{\nabla}\cdot(\vec{\nabla}\times\vec{A})$$
$$= 0 \quad \longleftarrow \boxed{\text{div(rot)の定理①(P2.24)を用いた.}}$$

となり，(5.1)のマクスウェル方程式③が得られます．また，(P2.40)の同値
変形

$$\vec{\nabla}\times(\vec{\nabla}\times\vec{A}) = \vec{\nabla}(\vec{\nabla}\cdot\vec{A}) - \triangle\vec{A}$$
$$\triangle\vec{A} = \vec{\nabla}(\vec{\nabla}\cdot\vec{A}) - \vec{\nabla}\times(\vec{\nabla}\times\vec{A})$$

を用いて，(6.2)を

$$\vec{\nabla}(\vec{\nabla}\cdot\vec{A}) - \vec{\nabla}\times(\vec{\nabla}\times\vec{A}) = -\mu_0\vec{j}$$

とした後，(2.11)のクーロンゲージを用いて，

$$-\vec{\nabla}\times(\vec{\nabla}\times\vec{A}) = -\mu_0\vec{j}$$
$$\vec{\nabla}\times(\vec{\nabla}\times\vec{A}) = \mu_0\vec{j}$$

として，(6.1)を用いると，

$$\vec{\nabla}\times\vec{B} = \mu_0\vec{j}$$

となり，(5.1)のマクスウェル方程式④s が得られます．

　以上から，クーロンゲージのもとで，(5.1)のマクスウェル方程式③，④s
と，(6.1),(6.2)が等価であることがわかりました．この等価関係を下にまと
めます．

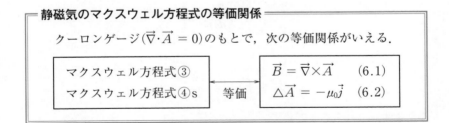

静磁気のマクスウェル方程式の等価関係

　クーロンゲージ($\vec{\nabla}\cdot\vec{A} = 0$)のもとで，次の等価関係がいえる．

マクスウェル方程式③ マクスウェル方程式④s	等価	$\vec{B} = \vec{\nabla}\times\vec{A}$ (6.1) $\triangle\vec{A} = -\mu_0\vec{j}$ (6.2)

✎ コメント

　この静磁気のマクスウェル方程式の等価関係は，4-2 節で述べた静電気のマクスウ
ェル方程式の等価関係とよく似た構造をしています．

マクスウェル方程式① マクスウェル方程式②s	等価	$\vec{E} = -\vec{\nabla}\phi$ (4.2) $\triangle\phi = -\rho/\varepsilon_0$ (4.7)

◆ 電流密度によるベクトルポテンシャルの式

(6.2)で求めた，ベクトルポテンシャル $\vec{A}$ と電流密度 $\vec{j}$ が満たすべき関係式

$$\triangle \vec{A} = -\mu_0 \vec{j}$$

を，$\vec{A} = (A_x, A_y, A_z)$，$\vec{j} = (j_x, j_y, j_z)$ を用いて x，y，z 成分で表すと，次のようになります．

$$\triangle A_x = -\mu_0 j_x$$
$$\triangle A_y = -\mu_0 j_y \qquad (6.3)$$
$$\triangle A_z = -\mu_0 j_z$$

(6.3)の各々の式は，(4.7)のポアソン方程式

$$\triangle \phi = -\frac{\rho}{\varepsilon_0}$$

と同じ形の方程式であり，ポアソン方程式の一般解は(4.8)で述べたように，

$$\phi(\vec{r}) = \int_{V'} \frac{\rho(\vec{r'})}{4\pi\varepsilon_0 |\vec{r} - \vec{r'}|} \, dV'$$

と表せました．そのため，(6.3)のそれぞれの方程式の一般解は，このポアソン方程式(4.7)と一般解(4.8)の対比によって求めることができます．

たとえば(6.3)の A_x の式は，(4.8)の ϕ を A_x，$1/\varepsilon_0$ を μ_0，ρ を j_x に変更したものなので，その一般解は，

$$A_x(\vec{r}) = \int_{V'} \frac{\mu_0 j_x(\vec{r'})}{4\pi |\vec{r} - \vec{r'}|} \, dV'$$

となります．同様にして，A_y の一般解も，

$$A_y(\vec{r}) = \int_{V'} \frac{\mu_0 j_y(\vec{r'})}{4\pi |\vec{r} - \vec{r'}|} \, dV'$$

となり，A_z の一般解も

$$A_z(\vec{r}) = \int_{V'} \frac{\mu_0 j_z(\vec{r'})}{4\pi |\vec{r} - \vec{r'}|} \, dV'$$

となります．これらをまとめて，

$$\vec{A}(\vec{r}) = \int_{V'} \frac{\mu_0 \vec{j}(\vec{r'})}{4\pi |\vec{r} - \vec{r'}|} \, dV' \qquad (6.4)$$

と表すこともあります．

このようにして，定常状態において，電流密度 $\vec{j}$ がつくるベクトルポテンシャル $\vec{A}$ の式が求められました．

電流密度がつくるベクトルポテンシャルの式

領域 V′ 内の電流密度 $\vec{j}(\vec{r}')$ が，位置 $\vec{r}$ の点につくるベクトルポテンシャル $\vec{A}(\vec{r})$ は次の式で表される.

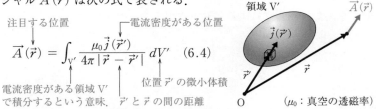

注目する位置　　　　　　電流密度がある位置

$$\vec{A}(\vec{r}) = \int_{V'} \frac{\mu_0 \vec{j}(\vec{r}')}{4\pi |\vec{r} - \vec{r}'|}\, dV' \quad (6.4)$$

電流密度がある領域 V′
で積分するという意味.

位置 $\vec{r}'$ の微小体積

$\vec{r}'$ と $\vec{r}$ の間の距離

(μ_0：真空の透磁率)

これまで体積積分の中にはスカラーがくると
学んできたので，これは例外的な用い方だね.

✎ コメント

領域 V′ を電流密度 $\vec{j}(\vec{r}')$ が一定とみなせるほどに微小な領域にとると，(6.4)はその微小体積 $\Delta V'$ を用いて $\vec{A}(\vec{r}) = \dfrac{\mu_0 \vec{j}(\vec{r}')}{4\pi |\vec{r} - \vec{r}'|} \Delta V'$ と表されます. このことから，電流密度 $\vec{j}(\vec{r}')$ がつくる $\vec{A}(\vec{r})$ は，$\vec{j}(\vec{r}')$ と同じ向きとなることがわかります. ✎

ここまでの流れをまとめておきましょう.

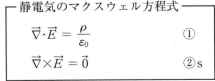

静電気のマクスウェル方程式

$$\vec{\nabla} \cdot \vec{E} = \frac{\rho}{\varepsilon_0} \qquad ①$$

$$\vec{\nabla} \times \vec{E} = \vec{0} \qquad ②s$$

↕ 等価

$$\vec{E} = -\vec{\nabla}\phi \qquad (4.2)$$

$$\boxed{\triangle \phi = -\frac{\rho}{\varepsilon_0}} \qquad (4.7)$$

↓ 解

$$\phi(\vec{r}) = \int_{V'} \frac{\rho(\vec{r}')}{4\pi\varepsilon_0 |\vec{r} - \vec{r}'|}\, dV'$$

(4.8)

静磁気のマクスウェル方程式

$$\vec{\nabla} \cdot \vec{B} = 0 \qquad ③$$

$$\vec{\nabla} \times \vec{B} = \mu_0 \vec{j} \qquad ④s$$

↕ 等価（ただし $\vec{\nabla} \cdot \vec{A} = 0$ とした）

$$\vec{B} = \vec{\nabla} \times \vec{A} \qquad (6.1)$$

$$\boxed{\triangle \vec{A} = -\mu_0 \vec{j}} \qquad (6.2)$$

↓ 解（数学的な構造が同じため）

$$\vec{A}(\vec{r}) = \int_{V'} \frac{\mu_0 \vec{j}(\vec{r}')}{4\pi |\vec{r} - \vec{r}'|}\, dV'$$

(6.4)

6-2 ビオ‐サバールの法則

◆ ビオ‐サバールの法則の導出

(6.4)で求めた電流密度によるベクトルポテンシャルの式

$$\vec{A}(\vec{r}) = \int_{V'} \frac{\mu_0 \vec{j}(\vec{r}')}{4\pi |\vec{r} - \vec{r}'|} \, dV'$$

の両辺のローテーションをとることで, (6.1)から磁束密度 $\vec{B}$ を求めてみましょう.

$$\vec{B}(\vec{r}) = \vec{\nabla} \times \vec{A}(\vec{r})$$

$$= \vec{\nabla} \times \int_{V'} \frac{\mu_0 \vec{j}(\vec{r}')}{4\pi |\vec{r} - \vec{r}'|} \, dV'$$

ここで, $\vec{\nabla}$ は $\vec{\nabla} = (\partial/\partial x, \partial/\partial y, \partial/\partial z)$ なので, 演算する量は $\vec{r} = (x, y, z)$ 及びその関数であり, $\vec{r}' = (x', y', z')$ など「 $'$ 」がつく量及びその関数には演算しません. そのため上の式の $\vec{\nabla}$ は積分の中に入れることができて,

$$\vec{B}(\vec{r}) = \int_{V'} \vec{\nabla} \times \frac{\mu_0 \vec{j}(\vec{r}')}{4\pi |\vec{r} - \vec{r}'|} \, dV' \tag{6.5}$$

となります.

さて, ここで $\vec{r} = (x, y, z)$ の関数であるスカラー $g = g(\vec{r})$ と, 定数ベクトル $\vec{j}$, $\vec{r}'$ について成り立つ

$$\vec{\nabla} \times (g\vec{j}) = (\vec{\nabla}g) \times \vec{j} \tag{6.6}$$

$$\vec{\nabla} |\vec{r} - \vec{r}'|^n = n |\vec{r} - \vec{r}'|^{n-1} \frac{\vec{r} - \vec{r}'}{|\vec{r} - \vec{r}'|} \tag{6.7}$$

を用いると(Appendix の問題 1-10, 1-11 を参照), $g = \dfrac{\mu_0}{4\pi |\vec{r} - \vec{r}'|}$ とみなすことで, (6.5)から

$$\vec{B}(\vec{r}) = \int_{V'} \vec{\nabla} \left(\frac{\mu_0}{4\pi |\vec{r} - \vec{r}'|} \right) \times \vec{j}(\vec{r}') \, dV' \quad \longleftarrow \boxed{\text{(6.6)を用いた.}}$$

$$= \int_{V'} \left\{ -\frac{\mu_0}{4\pi} |\vec{r} - \vec{r}'|^{-2} \frac{\vec{r} - \vec{r}'}{|\vec{r} - \vec{r}'|} \times \vec{j}(\vec{r}') \right\} dV' \quad \longleftarrow \boxed{\begin{array}{l} n = -1 \text{ として,} \\ \text{(6.7)を用いた.} \end{array}}$$

$$= \int_{V'} \frac{\mu_0 \vec{j}(\vec{r}') \times (\vec{r} - \vec{r}')}{4\pi |\vec{r} - \vec{r}'|^3} \, dV' \quad \longleftarrow \boxed{\begin{array}{l} \text{外積の順序を交換} \\ \text{して整理した.} \end{array}}$$

が得られます.

また, この積分領域 V' の体積が微小体積 $\Delta V'$ の場合は, この式は

$$\vec{B}(\vec{r}) = \frac{\mu_0 \vec{j}(\vec{r}') \times (\vec{r} - \vec{r}')}{4\pi |\vec{r} - \vec{r}'|^3} \Delta V'$$

と表せます．なお，微小体積 $\Delta V'$ による磁束密度であることを強調するときには，左辺を $\Delta \vec{B}(\vec{r})$ と表し，

$$\Delta \vec{B}(\vec{r}) = \frac{\mu_0 \vec{j}(\vec{r}') \times (\vec{r} - \vec{r}')}{4\pi |\vec{r} - \vec{r}'|^3} \Delta V'$$

と表すこともあります．これらの関係式を**ビオ‐サバールの法則**とよびます．この結果を下にまとめます．

ビオ‐サバールの法則

位置 $\vec{r}'$ にある微小体積 $\Delta V'$ 内の電流密度 $\vec{j}(\vec{r}')$ が，位置 $\vec{r}$ につくる磁束密度 $\Delta \vec{B}(\vec{r})$ は次の式で表される．

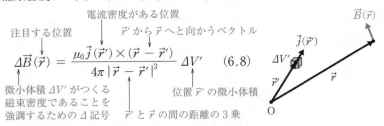

注目する位置　　　電流密度がある位置
　　　　　　　　　$\vec{r}'$ から $\vec{r}$ へと向かうベクトル

$$\Delta \vec{B}(\vec{r}) = \frac{\mu_0 \vec{j}(\vec{r}') \times (\vec{r} - \vec{r}')}{4\pi |\vec{r} - \vec{r}'|^3} \Delta V' \quad (6.8)$$

微小体積 $\Delta V'$ がつくる　　　位置 $\vec{r}'$ の微小体積
磁束密度であることを
強調するための Δ 記号　　$\vec{r}'$ と $\vec{r}$ の間の距離の 3 乗

領域 V′ 内の電流密度 $\vec{j}(\vec{r}')$ が位置 $\vec{r}$ につくる磁束密度 $\vec{B}(\vec{r})$ は，次の式で表される．

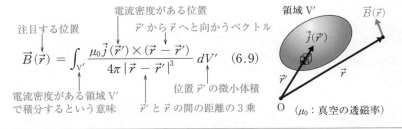

注目する位置　　電流密度がある位置
　　　　　　　　$\vec{r}'$ から $\vec{r}$ へと向かうベクトル

$$\vec{B}(\vec{r}) = \int_{V'} \frac{\mu_0 \vec{j}(\vec{r}') \times (\vec{r} - \vec{r}')}{4\pi |\vec{r} - \vec{r}'|^3} dV' \quad (6.9)$$

電流密度がある領域 V′　　　位置 $\vec{r}'$ の微小体積
で積分するという意味　　$\vec{r}'$ と $\vec{r}$ の間の距離の 3 乗

(μ_0：真空の透磁率)

✏ コメント

　ビオ‐サバールの法則は静磁気のマクスウェル方程式から導かれたものなので，定常状態という前提があることに注意しましょう．ちなみにビオ‐サバールの法則はビオとサバールという 2 人のフランス人が名称の由来です．

◆ ビオ‐サバールの法則の書き換え

　ビオ‐サバールの法則は，電流密度の分布している領域 V' が 5-1 節で学んだ電流素片や導線といった非常に細長い領域になっている場合が多いです．このときにビオ‐サバールの法則がどのように書き換えられるかについて学んでいきましょう．

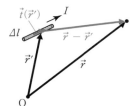

$\vec{r}$：注目する位置(すなわち磁束密度を求めたい位置)
$\vec{r}'$：電流素片がある位置
$\vec{t}(\vec{r}')$：(電流素片の)電流に沿った単位ベクトル
$\vec{r}-\vec{r}'$：電流素片から注目する位置へ向かうベクトル
θ：$\vec{t}(\vec{r}')$ が $\vec{r}-\vec{r}'$ となす角度
I：電流素片を流れる電流

　この場合には，電流素片の断面積 S と微小な長さ Δl を用いて，$\Delta V'$ を $\Delta V' = S\,\Delta l$ と変形できることと((5.3)を参照)，電流素片を流れる電流 I に沿った単位ベクトル

$$\vec{t} = \vec{t}(\vec{r}')$$

を用いると，(6.8)は，

$$\Delta\vec{B}(\vec{r}) = \frac{\mu_0\, j\,\vec{t}(\vec{r}')\times(\vec{r}-\vec{r}')}{4\pi\,|\vec{r}-\vec{r}'|^3}\,S\,\Delta l \quad\Longleftarrow\quad \text{(5.3)の } \vec{j}=j\vec{t} \text{ と } \Delta V'=S\,\Delta l \text{ を用いた.}$$

$$= \frac{\mu_0\, jS\,\vec{t}(\vec{r}')\times(\vec{r}-\vec{r}')}{4\pi\,|\vec{r}-\vec{r}'|^3}\,\Delta l \quad\Longleftarrow\quad \boxed{\text{整理した.}}$$

$$= \frac{\mu_0\, I\,\vec{t}(\vec{r}')\times(\vec{r}-\vec{r}')}{4\pi\,|\vec{r}-\vec{r}'|^3}\,\Delta l \quad\Longleftarrow\quad \text{(5.3)の } I=jS \text{ を用いた.} \tag{6.10}$$

と表せます．

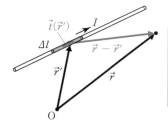

$\vec{r}$：注目する位置(すなわち磁束密度を求めたい位置)
$\vec{r}'$：電流素片がある位置
$\vec{t}(\vec{r}')$：(電流素片の)電流に沿った単位ベクトル
$\vec{r}-\vec{r}'$：電流素片から注目する位置へ向かうベクトル
θ：$\vec{t}(\vec{r}')$ が $\vec{r}-\vec{r}'$ となす角度
I：電流

　また，導線を流れる電流のように一般に経路 C に流れる電流は，この電流素片の集まりとみなせるので，(6.10)をたし合わせることで，

$$\vec{B}(\vec{r}) = \int_C \frac{\mu_0 I\, \vec{t}(\vec{r}')\times(\vec{r}-\vec{r}')}{4\pi\,|\vec{r}-\vec{r}'|^3}\, dl \qquad (6.11)$$

と表せます．このようにして書き換えた(6.10)，(6.11)も，**ビオ - サバールの法則**とよびます．

ビオ - サバールの法則（書き換え）

・位置 $\vec{r}'$ にある電流素片（長さ Δl）が位置 $\vec{r}$ につくる磁束密度 $\Delta\vec{B}(\vec{r})$ は，電流 I と電流に沿った単位ベクトル $\vec{t}$ を用いて次の式で表される．

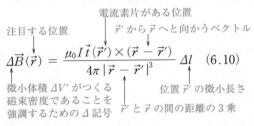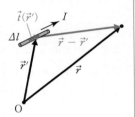

電流素片がある位置
注目する位置　　　$\vec{r}'$ から $\vec{r}$ へと向かうベクトル

$$\Delta\vec{B}(\vec{r}) = \frac{\mu_0 I\, \vec{t}(\vec{r}')\times(\vec{r}-\vec{r}')}{4\pi\,|\vec{r}-\vec{r}'|^3}\, \Delta l \quad (6.10)$$

微小体積 $\Delta V'$ がつくる　　　　位置 $\vec{r}'$ の微小長さ
磁束密度であることを
強調するための Δ 記号　$\vec{r}'$ と $\vec{r}$ の間の距離の3乗

・経路 C に沿って流れる電流 I が位置 $\vec{r}$ につくる磁束密度 $\vec{B}(\vec{r})$ は，次の式で表される．

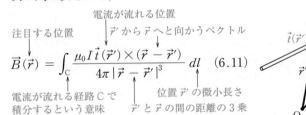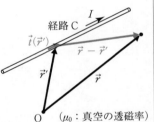

電流が流れる位置
注目する位置　　　$\vec{r}'$ から $\vec{r}$ へと向かうベクトル

$$\vec{B}(\vec{r}) = \int_C \frac{\mu_0 I\, \vec{t}(\vec{r}')\times(\vec{r}-\vec{r}')}{4\pi\,|\vec{r}-\vec{r}'|^3}\, dl \quad (6.11)$$

電流が流れる経路Cで　　　位置 $\vec{r}'$ の微小長さ
積分するという意味　　$\vec{r}'$ と $\vec{r}$ の間の距離の3乗

（μ_0：真空の透磁率）

✏️ コメント

(6.10)と(6.11)は，(1.2)で述べた電流ベクトル $\vec{I} = I\vec{t}$ を用いると，

$$\Delta\vec{B}(\vec{r}) = \frac{\mu_0 \vec{I}(\vec{r}')\times(\vec{r}-\vec{r}')}{4\pi\,|\vec{r}-\vec{r}'|^3}\, \Delta l, \qquad \vec{B}(\vec{r}) = \int_C \frac{\mu_0 \vec{I}(\vec{r}')\times(\vec{r}-\vec{r}')}{4\pi\,|\vec{r}-\vec{r}'|^3}\, dl$$

とも表せるし，$\vec{t}(\vec{r}')\Delta l$ を $\Delta\vec{l}$ と，$\vec{t}(\vec{r}')dl$ を $d\vec{l}$ とまとめて書くことにすると，

$$\Delta\vec{B}(\vec{r}) = \frac{\mu_0 I\, \Delta\vec{l}\times(\vec{r}-\vec{r}')}{4\pi\,|\vec{r}-\vec{r}'|^3}, \qquad \vec{B}(\vec{r}) = \int_C \frac{\mu_0 I\, d\vec{l}\times(\vec{r}-\vec{r}')}{4\pi\,|\vec{r}-\vec{r}'|^3}$$

とも表せます．
このように，ビオ - サバールの法則には非常に様々な表現の仕方があります． ✏️

ビオ‐サバールの法則は，実用上は向きと大きさを分けて用いることも多い
です．そこで，(6.10)をさらに変形して，その向きと大きさをそれぞれ具体的
に求めていきましょう．

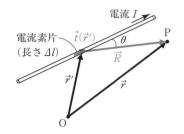

$$
\begin{cases}
\vec{r}：（磁束密度を求めたい）点 P の位置 \\
\vec{r}'：電流素片がある位置 \\
\vec{t}(\vec{r}')：（電流素片の）電流に沿った単位ベクトル \\
\vec{R} = \vec{r} - \vec{r}'：電流素片から点 P へ向かうベクトル \\
\theta：\vec{t}(\vec{r}') と \vec{R} がなす角度
\end{cases}
$$

まず，説明のしやすさのため，(磁束密度を求めたい)位置 $\vec{r}$ を点 P と名づ
けて，電流素片のある位置 $\vec{r}'$ から点 P へ向かうベクトル $\vec{r} - \vec{r}'$ を $\vec{R}$ と表す
ことにします．すると，(6.10)は

$$
\Delta \vec{B}(\vec{r}) = \frac{\mu_0 I \, \vec{t}(\vec{r}') \times \vec{R}}{4\pi R^3} \, \Delta l
$$

となります．

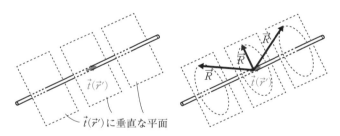

この $\Delta \vec{B}(\vec{r})$ は，$\vec{t}(\vec{r}')$ の外積で表されているため $\vec{t}(\vec{r}')$ に垂直になり，左図
のような $\vec{t}(\vec{r}')$ に垂直な平面に沿った向きになります．また $\vec{R}$ の外積でも表
されているため，$\vec{R}$ にも垂直になり，右図のような $\vec{t}(\vec{r}')$ を同心円とする円の
接線方向を向きます．

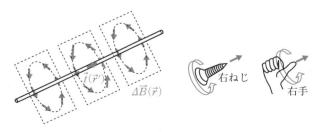

さらに $\vec{t}(\vec{r}') \times \vec{R}$ で表されるため，$\Delta\vec{B}(\vec{r})$ は，$\vec{t}(\vec{r}')$ から $\vec{R}$ へと右ねじを回したときにねじが進む向きになります．そのため，結果的に左図のように<u>電流の向きを表す $\vec{t}(\vec{r}')$ を右ねじの進む向きとしたときの，ねじが回る向き</u>（または右図のように $\vec{t}(\vec{r}')$ を右手の親指としたときの，四本指の向き）になります．

一方で，$\vec{t}(\vec{r}')$ と $\vec{R}$ のなす角を θ とすると，

$$|\vec{t}(\vec{r}') \times \vec{R}| = |\vec{t}(\vec{r}')||\vec{R}| \sin\theta = R\sin\theta$$

と表せることから，$\Delta\vec{B}(\vec{r})$ の大きさは，

$$\Delta B(\vec{r}) = \frac{\mu_0 R\sin\theta}{4\pi R^3} I\Delta l = \frac{\mu_0 I\sin\theta}{4\pi R^2} \Delta l$$

となります．この結果を下にまとめます．

ビオ - サバールの法則（向きと大きさを分けた表現）

電流素片が点 P につくる磁束密度は，次の式で表される．

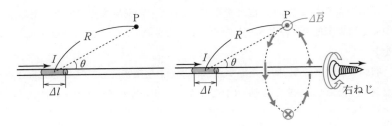

向き

電流の向きを右ねじの進む向きとしたときに，ねじが回る向き

大きさ

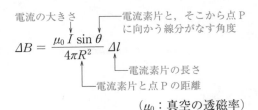

電流の大きさ・・・I

電流素片と，そこから点 P に向かう線分がなす角度・・・θ

$$\Delta B = \frac{\mu_0 I\sin\theta}{4\pi R^2} \Delta l$$

電流素片の長さ・・・Δl

電流素片と点 P の距離・・・R

（μ_0：真空の透磁率）

(6.12)

✐ コメント

この「（電流素片を流れる）電流の向きを右ねじの進む向きとしたときに，ねじが回る向き」という文は長くて読みにくいので，本書では略して「電流素片に対して右ねじが回る向き」と表すことにします．

◆ ビオ - サバールの法則の演習

前項で導いたビオ - サバールの法則の演習を行います．ここでは，向きと大きさを分けた(6.12)のビオ - サバールの法則を用いて解いていきます．

[例題 6-1]

図のように大きさ I の一定の電流が x 軸の正の向きに流れているとき，以下の問に答えなさい．ただし，真空の透磁率を μ_0 とします．

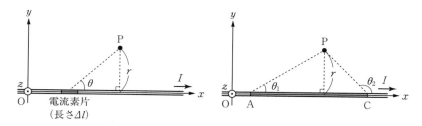

(1) 左図のような長さ Δl の電流素片が，x 軸と θ の角度をなす向きにある点 P につくる磁束密度 $\Delta \vec{B}$ の大きさと向きを求めなさい．ただし，点 P と x 軸との距離を r とします．

(2) 右図のように，AC 間の電流が点 P につくる磁束密度 $\vec{B}$ の大きさと向きを求めなさい．ただし，AP と x 軸，CP と x 軸がなす角度をそれぞれ θ_1, θ_2 とします．

[解]

(1)

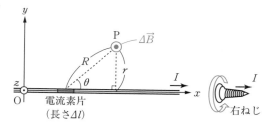

求める磁束密度の向きは，図のように電流素片に対して右ねじが回る向きで表されるので，z 軸の正の向きとなります．

また，磁束密度の大きさ ΔB は，電流素片と点 P との距離を R とおくと，

$$\Delta B = \frac{\mu_0 I \sin \theta}{4\pi R^2} \Delta l$$

となります．ここで，$R \sin \theta = r$ を用いて R を消すと，

$$\Delta B = \frac{\mu_0 I \sin^3 \theta}{4\pi r^2} \Delta l$$

(2)

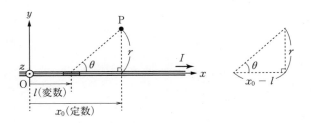

電流素片の x 座標を l，点 P の x 座標を x_0 とすると，$(x_0 - l) \tan \theta = r$ から $x_0 - l = \dfrac{r}{\tan \theta}$ と書け，これを θ で微分すると（x_0 と r は θ によらない定数であることを考慮して），

$$-\frac{dl}{d\theta} = r \frac{d}{d\theta}\left(\frac{1}{\tan\theta}\right) = -\frac{r}{\tan^2\theta}\frac{d}{d\theta}(\tan\theta) = -\frac{r}{\tan^2\theta\cos^2\theta} = -\frac{r}{\sin^2\theta}$$

より，

$$dl = \frac{r}{\sin^2\theta}d\theta$$

となります.

以上と(1)の答より，ΔB を点 A から点 C までたし合わせることは，θ を θ_1 から θ_2 までたし合わせる（積分する）ことに対応しているので，

$$B = \int_{\mathrm{A}}^{\mathrm{C}} \frac{\mu_0 I \sin^3\theta}{4\pi r^2}\, dl = \int_{\theta_1}^{\theta_2} \frac{\mu_0 I \sin^3\theta}{4\pi r^2}\frac{r}{\sin^2\theta}\, d\theta = \int_{\theta_1}^{\theta_2} \frac{\mu_0 I \sin\theta}{4\pi r}\, d\theta$$

$$= \left[-\frac{\mu_0 I \cos\theta}{4\pi r}\right]_{\theta_1}^{\theta_2} = \frac{\mu_0 I}{4\pi r}(\cos\theta_1 - \cos\theta_2)$$

この結果は実用上よく用いるので，下にまとめておきます.

有限な長さの直線電流がつくる磁束密度

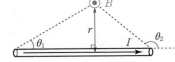

電流 I に対して右ねじの向きに，

$$B = \frac{\mu_0 I}{4\pi r}(\cos\theta_1 - \cos\theta_2)$$

（r：直線電流との距離，θ_1, θ_2：直線電流の端が注目点となす角度）

✎ コメント

上の式で $\theta_1 = 0$，$\theta_2 = \pi$ とおけば，$B = \dfrac{\mu_0 I}{4\pi r}(\cos 0 - \cos\pi) = \dfrac{\mu_0 I}{2\pi r}$ となり，(5.9)で述べた（十分に長い）直線電流がつくる磁束密度と同じものを表します. ✎

[例題 6-2]

点 O を中心とする半径 r の円周上を一定の電流が
流れています．電流は水平面上にあり，上から見て
反時計回りに流れており，その大きさを I とします．
このとき，以下の問に答えなさい．ただし，真空の
透磁率を μ_0 とします．

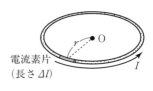

(1)   長さ Δl の電流素片が中心点 O につくる磁束密度 $\Delta\vec{B}$ の大きさと向きを求めな
さい．

(2)   円形電流全体が中心点 O につくる磁束密度 $\vec{B}$ の大きさと向きを求めなさい．

[解]

(1)   求める磁束密度の向きは，図のように電流素片に対して右ねじが回る向きで表
されるので，鉛直上向きとなります．

また，求める磁束密度の大きさは，電流素片と点 O との距離が r となることと，
電流の向きと，電流素片から点 O へと向かう向きが角度 $\theta = 90°$ をなすことより，

$$\Delta B = \frac{\mu_0 I \sin 90°}{4\pi r^2} \Delta l = \frac{\mu_0 I}{4\pi r^2} \Delta l \qquad (鉛直上向き)$$

(2)   求める磁束密度の大きさは，円周に沿ってこの電流素片がつくる磁束密度をた
し合わせたものなので，円周を経路 C として，

$$B = \int_C \frac{\mu_0 I}{4\pi r^2} \, dl$$

と表されます．ここで，定数である $\frac{\mu_0 I}{4\pi r^2}$ を前に出して，

$$\int_C dl = (半径 r の円周) = 2\pi r$$

であることを用いると，

$$B = \int_C \frac{\mu_0 I}{4\pi r^2} \, dl = \frac{\mu_0 I}{4\pi r^2} \cdot 2\pi r = \frac{\mu_0 I}{2r} \qquad (鉛直上向き)$$

となります．

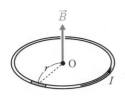

右ねじ

右手

　この例題の(2)の結果を見直してみると，円形電流によって生じる磁束密度の向きは，電流を右ねじの回る向きとしたときに，ねじが進む向き（または電流を右手の四本指の向きとしたときに，親指の向き）ともいえます．

円形電流が中心につくる磁束密度

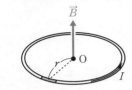

円形電流 I に対して右ねじが進む向きに

大きさ　$B = \dfrac{\mu_0 I}{2r}$

（r：半径，μ_0：真空の透磁率）

✎ コメント

　直線電流がつくる磁束密度のコメントで述べた磁場 H を用いれば，半径 r の円形電流が中心につくる磁場 H は，電流に対して右ねじが進む向きに，大きさ

$$H = \frac{I}{2r}$$

になります．これが高等学校の物理で学ぶ，円形電流が中心につくる磁場の式に対応します．　✎

［例題 6-3］

　点 O を中心とする半径 r の円周上を一定の電流が流れています．電流は水平面上にあり，上から見て反時計回りに流れており，その大きさを I とします．点 O から鉛直上向きに距離 h だけ離れた点 P における磁束密度の大きさと向きを求めなさい．ただし，真空の透磁率を μ_0 とします．

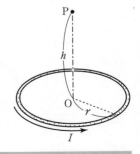

[解]

　まずは，電流素片を考えて，それがつくる磁束密度 $\Delta\vec{B}$ を求めます．そしてその後で，$\Delta\vec{B}$ を円形電流に沿ってたし合わせる(積分する)ことによって，円形電流全体がつくる磁束密度 $\vec{B}$ を求めます．

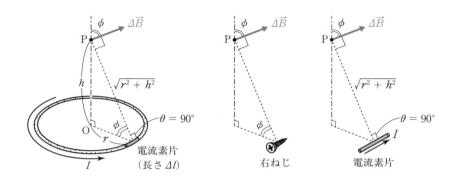

　円形電流の電流素片(長さ Δl)が点 P につくる磁束密度 $\Delta\vec{B}$ を考えます．この $\Delta\vec{B}$ の向きは，電流素片に対して右ねじが回る向きで表されるので，図のように，鉛直方向と角度 ϕ をなす向き(ϕ は $\tan\phi = h/r$ を満たす定数)となります．

　そして $\Delta\vec{B}$ の大きさは，電流素片と点 P との距離が $\sqrt{r^2 + h^2}$ となることと，電流の向きと，電流素片から点 P へと向かう向きが角度 $\theta = 90°$ をなすことより，

$$\Delta B = \frac{\mu_0 I \sin 90°}{4\pi(\sqrt{r^2 + h^2})^2} \Delta l = \frac{\mu_0 I}{4\pi(r^2 + h^2)} \Delta l$$

となります．

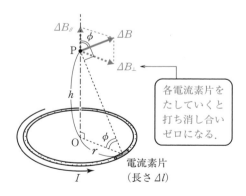

各電流素片を
たしていくと
打ち消し合い
ゼロになる．

　これを円形電流に沿って各電流素片についてたし合わせると，$\Delta\vec{B}$ のうち OP に垂直な成分 $\Delta B_\perp = \Delta B \sin\phi$ は互いに打ち消し合ってゼロになるので，残るのは OP に

平行な成分

$$\Delta B_{/\!/} = \Delta B \cos \phi = \frac{\mu_0 I \cos \phi}{4\pi(r^2 + h^2)} \Delta l$$

のみです．求める磁束密度の大きさ B は，円形電流に沿ってこの $\Delta B_{/\!/}$ をたし合わせ

ればよいので，$\int_{\mathrm{C}} dl = (\text{半径 } r \text{ の円周}) = 2\pi r$ と $\cos \phi = \dfrac{r}{\sqrt{r^2 + h^2}}$ を考慮すると，

$$B = \int_{\mathrm{C}} \frac{\mu_0 I \cos \phi}{4\pi(r^2 + h^2)} \, dl = \frac{\mu_0 I \cos \phi}{4\pi(r^2 + h^2)} \int_{\mathrm{C}} dl \quad \longleftarrow \boxed{r, h, \phi \text{ は定数なので} \atop \text{積分の前に出した．}}$$

$$= \frac{\mu_0 I \cos \phi}{4\pi(r^2 + h^2)} \times 2\pi r = \frac{\mu_0 I}{4\pi(r^2 + h^2)} \times \frac{r}{\sqrt{r^2 + h^2}} \times 2\pi r$$

$$= \frac{\mu_0 r^2 I}{2(r^2 + h^2)^{3/2}} \qquad (\text{鉛直上向き})$$

となります．

✐ コメント

例題 6-3 は例題 6-2 を一般化したものです（例題 6-3 の答を $h = 0$ とすれば，例題 6-2 の答になります）．

📖 参考

本書では紙面の都合のため扱いませんが，ビオ‐サバールの法則と静磁気の重ね合わせの原理から，(5.2) の静磁気のマクスウェル方程式③及び④s を導出することが可能です．6-1 節で示した静磁気のマクスウェル方程式③及び④s の等価関係と合わせて，次のような等価関係があります．

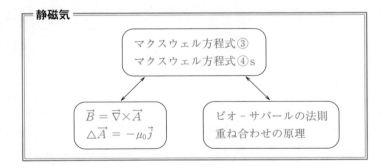

この等価関係は，静電気の等価関係（4 章最後の参考を参照）と似ており，よく対比されます．

静電気と静磁気は兄弟や姉妹のような関係．

Appendix

─ 問題形式による本文の補足 ─

[問題 1-1：grad, div, rot の線形性]

ベクトル $\vec{h} = (h_x, h_y, h_z)$, $\vec{h}_1 = (h_{1x}, h_{1y}, h_{1z})$, $\vec{h}_2 = (h_{2x}, h_{2y}, h_{2z})$ と，スカラー T, T_1, T_2 について，次の関係式を示しなさい．ただし，$\vec{h}$, $\vec{h}_1$, $\vec{h}_2$, T, T_1, T_2 はすべて位置 (x, y, z) の関数とし，a は定数とします．

(1) $\vec{\nabla}(aT) = a\vec{\nabla}T$ 　　　　　(2) $\vec{\nabla}\cdot(a\vec{h}) = a\vec{\nabla}\cdot\vec{h}$

(3) $\vec{\nabla}\times(a\vec{h}) = a\vec{\nabla}\times\vec{h}$ 　　　(4) $\vec{\nabla}(T_1 + T_2) = \vec{\nabla}T_1 + \vec{\nabla}T_2$

(5) $\vec{\nabla}\cdot(\vec{h}_1 + \vec{h}_2) = \vec{\nabla}\cdot\vec{h}_1 + \vec{\nabla}\cdot\vec{h}_2$ 　　(6) $\vec{\nabla}\times(\vec{h}_1 + \vec{h}_2) = \vec{\nabla}\times\vec{h}_1 + \vec{\nabla}\times\vec{h}_2$

[解]

(1) $\vec{\nabla}(aT) = \left(\dfrac{\partial}{\partial x}, \dfrac{\partial}{\partial y}, \dfrac{\partial}{\partial z}\right)(aT)$ ← $\boxed{\vec{\nabla} \text{ を } x, y, z \text{ 成分で表示した．}}$

$= \left(\dfrac{\partial(aT)}{\partial x}, \dfrac{\partial(aT)}{\partial y}, \dfrac{\partial(aT)}{\partial z}\right)$ ← $\boxed{\text{グラディエントの定義を用いた．}}$

$= \left(a\dfrac{\partial T}{\partial x}, a\dfrac{\partial T}{\partial y}, a\dfrac{\partial T}{\partial z}\right)$ ← $\boxed{\text{定数 } a \text{ をそれぞれの微分の前に出した．}}$

$= a\left(\dfrac{\partial T}{\partial x}, \dfrac{\partial T}{\partial y}, \dfrac{\partial T}{\partial z}\right)$ ← $\boxed{\text{定数 } a \text{ をカッコの前に出した．}}$

$= a\vec{\nabla}T$ ← $\boxed{\text{グラディエントの定義を用いた．}}$

(2) $\vec{h} = (h_x, h_y, h_z)$ に対して，$a\vec{h} = (ah_x, ah_y, ah_z)$ と書けることから，

$\vec{\nabla}\cdot(a\vec{h}) = \left(\dfrac{\partial}{\partial x}, \dfrac{\partial}{\partial y}, \dfrac{\partial}{\partial z}\right)\cdot(ah_x, ah_y, ah_z)$ ← $\boxed{\vec{\nabla} \text{ を } x, y, z \text{ 成分で表示した．}}$

$= \dfrac{\partial(ah_x)}{\partial x} + \dfrac{\partial(ah_y)}{\partial y} + \dfrac{\partial(ah_z)}{\partial z}$ ← $\boxed{\text{ダイバージェンスの定義を用いた．}}$

$= a\dfrac{\partial h_x}{\partial x} + a\dfrac{\partial h_y}{\partial y} + a\dfrac{\partial h_z}{\partial z}$ ← $\boxed{\text{定数 } a \text{ をそれぞれの微分の前に出した．}}$

$= a\left(\dfrac{\partial h_x}{\partial x} + \dfrac{\partial h_y}{\partial y} + \dfrac{\partial h_z}{\partial z}\right)$ ← $\boxed{\text{定数 } a \text{ をカッコの前に出した．}}$

$= a\vec{\nabla}\cdot\vec{h}$ ← $\boxed{\text{ダイバージェンスの定義を用いた．}}$

(3) $\vec{h} = (h_x, h_y, h_z)$ に対して，$a\vec{h} = (ah_x, ah_y, ah_z)$ と書けることから，

$\vec{\nabla}\times(a\vec{h}) = \left(\dfrac{\partial}{\partial x}, \dfrac{\partial}{\partial y}, \dfrac{\partial}{\partial z}\right)\times(ah_x, ah_y, ah_z)$ ← $\boxed{\text{ローテーションの定義を用いた．}}$

$= \left(\dfrac{\partial(ah_z)}{\partial y} - \dfrac{\partial(ah_y)}{\partial z}, \dfrac{\partial(ah_x)}{\partial z} - \dfrac{\partial(ah_z)}{\partial x}, \dfrac{\partial(ah_y)}{\partial x} - \dfrac{\partial(ah_x)}{\partial y}\right)$

$= \left(a\dfrac{\partial h_z}{\partial y} - a\dfrac{\partial h_y}{\partial z}, a\dfrac{\partial h_x}{\partial z} - a\dfrac{\partial h_z}{\partial x}, a\dfrac{\partial h_y}{\partial x} - a\dfrac{\partial h_x}{\partial y}\right)$ ← $\boxed{\text{定数 } a \text{ を微分の前に出した．}}$

$= a\left(\dfrac{\partial h_z}{\partial y} - \dfrac{\partial h_y}{\partial z}, \dfrac{\partial h_x}{\partial z} - \dfrac{\partial h_z}{\partial x}, \dfrac{\partial h_y}{\partial x} - \dfrac{\partial h_x}{\partial y}\right)$ ← $\boxed{\text{定数 } a \text{ をカッコの前に出した．}}$

$= a\vec{\nabla}\times\vec{h}$ ← $\boxed{\text{ローテーションの定義を用いた．}}$

(4)　$\vec{\nabla}(T_1 + T_2)$

$$= \left(\frac{\partial}{\partial x}, \frac{\partial}{\partial y}, \frac{\partial}{\partial z}\right)(T_1 + T_2) \quad \longleftarrow \boxed{\vec{\nabla} \text{ を } x, y, z \text{ 成分で表示した.}}$$

$$= \left(\frac{\partial(T_1 + T_2)}{\partial x}, \frac{\partial(T_1 + T_2)}{\partial y}, \frac{\partial(T_1 + T_2)}{\partial z}\right) \quad \longleftarrow \boxed{\text{グラディエントの定義を用いた.}}$$

$$= \left(\frac{\partial T_1}{\partial x} + \frac{\partial T_2}{\partial x}, \frac{\partial T_1}{\partial y} + \frac{\partial T_2}{\partial y}, \frac{\partial T_1}{\partial z} + \frac{\partial T_2}{\partial z}\right) \quad \longleftarrow \boxed{\text{微分をばらした.}}$$

$$= \left(\frac{\partial T_1}{\partial x}, \frac{\partial T_1}{\partial y}, \frac{\partial T_1}{\partial z}\right) + \left(\frac{\partial T_2}{\partial x}, \frac{\partial T_2}{\partial y}, \frac{\partial T_2}{\partial z}\right) \quad \longleftarrow \boxed{\text{カッコをばらした.}}$$

$$= \left(\frac{\partial}{\partial x}, \frac{\partial}{\partial y}, \frac{\partial}{\partial z}\right)T_1 + \left(\frac{\partial}{\partial x}, \frac{\partial}{\partial y}, \frac{\partial}{\partial z}\right)T_2 \quad \longleftarrow \boxed{T_1, T_2 \text{ をカッコの外に出した.}}$$

$$= \vec{\nabla}T_1 + \vec{\nabla}T_2 \quad \longleftarrow \boxed{\text{グラディエントの定義を用いた.}}$$

(5)　$\vec{\nabla} \cdot (\vec{h_1} + \vec{h_2})$

$$= \left(\frac{\partial}{\partial x}, \frac{\partial}{\partial y}, \frac{\partial}{\partial z}\right) \cdot (h_{1x} + h_{2x}, h_{1y} + h_{2y}, h_{1z} + h_{2z}) \quad \longleftarrow \boxed{\vec{\nabla} \text{ を } x, y, z \text{ 成分で表示した.}}$$

$$= \frac{\partial(h_{1x} + h_{2x})}{\partial x} + \frac{\partial(h_{1y} + h_{2y})}{\partial y} + \frac{\partial(h_{1z} + h_{2z})}{\partial z} \quad \longleftarrow \boxed{\text{ダイバージェンスの定義を用いた.}}$$

$$= \frac{\partial h_{1x}}{\partial x} + \frac{\partial h_{1y}}{\partial y} + \frac{\partial h_{1z}}{\partial z} + \frac{\partial h_{2x}}{\partial x} + \frac{\partial h_{2y}}{\partial y} + \frac{\partial h_{2z}}{\partial z} \quad \longleftarrow \boxed{\text{微分をばらした.}}$$

$$= \left(\frac{\partial}{\partial x}, \frac{\partial}{\partial y}, \frac{\partial}{\partial z}\right) \cdot (h_{1x}, h_{1y}, h_{1z}) + \left(\frac{\partial}{\partial x}, \frac{\partial}{\partial y}, \frac{\partial}{\partial z}\right) \cdot (h_{2x}, h_{2y}, h_{2z}) \quad \longleftarrow \boxed{\text{内積の形に変形した.}}$$

$$= \vec{\nabla} \cdot \vec{h_1} + \vec{\nabla} \cdot \vec{h_2} \quad \longleftarrow \boxed{\text{ダイバージェンスの定義を用いた.}}$$

(6)　$\vec{\nabla} \times (\vec{h_1} + \vec{h_2})$

$$= \left(\frac{\partial}{\partial x}, \frac{\partial}{\partial y}, \frac{\partial}{\partial z}\right) \times (h_{1x} + h_{2x}, h_{1y} + h_{2y}, h_{1z} + h_{2z}) \quad \longleftarrow \boxed{\vec{\nabla} \text{ を } x, y, z \text{ 成分で表示した.}}$$

$$= \left(\frac{\partial(h_{1z} + h_{2z})}{\partial y} - \frac{\partial(h_{1y} + h_{2y})}{\partial z}, \frac{\partial(h_{1x} + h_{2x})}{\partial z} - \frac{\partial(h_{1z} + h_{2z})}{\partial x}, \right.$$
$$\left. \frac{\partial(h_{1y} + h_{2y})}{\partial x} - \frac{\partial(h_{1x} + h_{2x})}{\partial y}\right) \quad \longleftarrow \boxed{\text{ローテーションの定義を用いた.}}$$

$$= \left(\frac{\partial h_{1z}}{\partial y} + \frac{\partial h_{2z}}{\partial y} - \frac{\partial h_{1y}}{\partial z} - \frac{\partial h_{2y}}{\partial z}, \frac{\partial h_{1x}}{\partial z} + \frac{\partial h_{2x}}{\partial z} - \frac{\partial h_{1z}}{\partial x} - \frac{\partial h_{2z}}{\partial x}, \right.$$
$$\left. \frac{\partial h_{1y}}{\partial x} + \frac{\partial h_{2y}}{\partial x} - \frac{\partial h_{1x}}{\partial y} - \frac{\partial h_{2x}}{\partial y}\right) \quad \longleftarrow \boxed{\text{カッコをばらした.}}$$

$$= \left(\frac{\partial h_{1z}}{\partial y} - \frac{\partial h_{1y}}{\partial z}, \frac{\partial h_{1x}}{\partial z} - \frac{\partial h_{1z}}{\partial x}, \frac{\partial h_{1y}}{\partial x} - \frac{\partial h_{1x}}{\partial y}\right)$$
$$+ \left(\frac{\partial h_{2z}}{\partial y} - \frac{\partial h_{2y}}{\partial z}, \frac{\partial h_{2x}}{\partial z} - \frac{\partial h_{2z}}{\partial x}, \frac{\partial h_{2y}}{\partial x} - \frac{\partial h_{2x}}{\partial y}\right) \quad \longleftarrow \boxed{\text{整理した.}}$$

$$= \left(\frac{\partial}{\partial x}, \frac{\partial}{\partial y}, \frac{\partial}{\partial z}\right) \times (h_{1x}, h_{1y}, h_{1z}) + \left(\frac{\partial}{\partial x}, \frac{\partial}{\partial y}, \frac{\partial}{\partial z}\right) \times (h_{2x}, h_{2y}, h_{2z}) \quad \longleftarrow \boxed{\text{外積の形に変形した.}}$$

$$= \vec{\nabla} \times \vec{h_1} + \vec{\nabla} \times \vec{h_2} \quad \longleftarrow \boxed{\text{ローテーションの定義を用いた.}}$$

［問題 1-2：ベクトル解析の公式］

(1) スカラー $T = T(x, y, z)$ について，$\vec{\nabla} \cdot (\vec{\nabla} T) = \triangle T$ を示しなさい．

(2) ベクトル $\vec{h} = (h_x, h_y, h_z)$ について，$\vec{\nabla} \times (\vec{\nabla} \times \vec{h}) = \vec{\nabla} (\vec{\nabla} \cdot \vec{h}) - \triangle \vec{h}$ を示しなさい．

［解］

(1) $\vec{\nabla} \cdot (\vec{\nabla} T)$

$$= \left(\frac{\partial}{\partial x}, \frac{\partial}{\partial y}, \frac{\partial}{\partial z} \right) \cdot \left(\frac{\partial T}{\partial x}, \frac{\partial T}{\partial y}, \frac{\partial T}{\partial z} \right) \quad \longleftarrow \boxed{\vec{\nabla} \text{ とグラディエントの定義を用いた．}}$$

$$= \frac{\partial}{\partial x} \left(\frac{\partial T}{\partial x} \right) + \frac{\partial}{\partial y} \left(\frac{\partial T}{\partial y} \right) + \frac{\partial}{\partial z} \left(\frac{\partial T}{\partial z} \right) \quad \longleftarrow \boxed{\text{ダイバージェンスの定義を用いた．}}$$

$$= \frac{\partial^2 T}{\partial x^2} + \frac{\partial^2 T}{\partial y^2} + \frac{\partial^2 T}{\partial z^2} \quad \longleftarrow \boxed{\text{カッコを外した．}}$$

$$= \left(\frac{\partial^2}{\partial x^2} + \frac{\partial^2}{\partial y^2} + \frac{\partial^2}{\partial z^2} \right) T \quad \longleftarrow \boxed{T \text{ でくくった．}}$$

$$= \triangle T \quad \longleftarrow \boxed{\text{ラプラシアンの定義を用いた．}}$$

(2) $\vec{\nabla} \times (\vec{\nabla} \times \vec{h})$

$\boxed{\vec{\nabla} \text{ とローテーションの定義を用いた．}}$

$$= \left(\frac{\partial}{\partial x}, \frac{\partial}{\partial y}, \frac{\partial}{\partial z} \right) \times \left(\frac{\partial h_z}{\partial y} - \frac{\partial h_y}{\partial z}, \frac{\partial h_x}{\partial z} - \frac{\partial h_z}{\partial x}, \frac{\partial h_y}{\partial x} - \frac{\partial h_x}{\partial y} \right) \longleftarrow$$

$$= \left(\frac{\partial \left(\frac{\partial h_y}{\partial x} - \frac{\partial h_x}{\partial y} \right)}{\partial y} - \frac{\partial \left(\frac{\partial h_x}{\partial z} - \frac{\partial h_z}{\partial x} \right)}{\partial z}, \frac{\partial \left(\frac{\partial h_z}{\partial y} - \frac{\partial h_y}{\partial z} \right)}{\partial z} - \frac{\partial \left(\frac{\partial h_y}{\partial x} - \frac{\partial h_x}{\partial y} \right)}{\partial x}, \right.$$

$$\left. \frac{\partial \left(\frac{\partial h_x}{\partial z} - \frac{\partial h_z}{\partial x} \right)}{\partial x} - \frac{\partial \left(\frac{\partial h_z}{\partial y} - \frac{\partial h_y}{\partial z} \right)}{\partial y} \right) \quad \longleftarrow \boxed{\begin{array}{l} \vec{\nabla} \text{ とローテーション} \\ \text{の定義を用いた．} \end{array}}$$

この x 成分は

$$\frac{\partial \left(\frac{\partial h_y}{\partial x} - \frac{\partial h_x}{\partial y} \right)}{\partial y} - \frac{\partial \left(\frac{\partial h_x}{\partial z} - \frac{\partial h_z}{\partial x} \right)}{\partial z}$$

$$= \frac{\partial}{\partial y} \left(\frac{\partial h_y}{\partial x} - \frac{\partial h_x}{\partial y} \right) - \frac{\partial}{\partial z} \left(\frac{\partial h_x}{\partial z} - \frac{\partial h_z}{\partial x} \right)$$

$$= \frac{\partial^2 h_y}{\partial y \partial x} - \frac{\partial^2 h_x}{\partial y^2} - \frac{\partial^2 h_x}{\partial z^2} + \frac{\partial^2 h_z}{\partial z \partial x} \quad \longleftarrow \boxed{\text{カッコを外した．}}$$

$$= \frac{\partial^2 h_y}{\partial x \partial y} + \frac{\partial^2 h_z}{\partial x \partial z} - \frac{\partial^2 h_x}{\partial y^2} - \frac{\partial^2 h_x}{\partial z^2} \quad \longleftarrow \boxed{\text{微分等式②を用いた．}}$$

$$= \frac{\partial^2 h_x}{\partial x^2} + \frac{\partial^2 h_y}{\partial x \partial y} + \frac{\partial^2 h_z}{\partial x \partial z} - \frac{\partial^2 h_x}{\partial x^2} - \frac{\partial^2 h_x}{\partial y^2} - \frac{\partial^2 h_x}{\partial z^2} \longleftarrow \boxed{\frac{\partial^2 h_x}{\partial x^2} \text{ をたして引いた．}}$$

$$= \frac{\partial}{\partial x} \left(\frac{\partial h_x}{\partial x} + \frac{\partial h_y}{\partial y} + \frac{\partial h_z}{\partial z} \right) - \left(\frac{\partial^2}{\partial x^2} + \frac{\partial^2}{\partial y^2} + \frac{\partial^2}{\partial z^2} \right) h_x \quad \longleftarrow \boxed{\text{整理した．}}$$

$$= \frac{\partial}{\partial x} (\vec{\nabla} \cdot \vec{h}) - \triangle h_x \quad \longleftarrow \boxed{\text{ダイバージェンスとラプラシアンの定義を用いた．}}$$

この y 成分は

$$\frac{\partial\left(\frac{\partial h_z}{\partial y}-\frac{\partial h_y}{\partial z}\right)}{\partial z}-\frac{\partial\left(\frac{\partial h_y}{\partial x}-\frac{\partial h_x}{\partial y}\right)}{\partial x}$$

$$=\frac{\partial}{\partial z}\left(\frac{\partial h_z}{\partial y}-\frac{\partial h_y}{\partial z}\right)-\frac{\partial}{\partial x}\left(\frac{\partial h_y}{\partial x}-\frac{\partial h_x}{\partial y}\right)$$

$$=\frac{\partial^2 h_z}{\partial z\,\partial y}-\frac{\partial^2 h_y}{\partial z^2}-\frac{\partial^2 h_y}{\partial x^2}+\frac{\partial^2 h_x}{\partial x\,\partial y}\quad\longleftarrow\boxed{\text{カッコを外した．}}$$

$$=\frac{\partial^2 h_x}{\partial y\,\partial x}+\frac{\partial^2 h_z}{\partial y\,\partial z}-\frac{\partial^2 h_y}{\partial x^2}-\frac{\partial^2 h_y}{\partial z^2}\quad\longleftarrow\boxed{\text{微分等式②を用いた．}}$$

$$=\frac{\partial^2 h_x}{\partial y\,\partial x}+\frac{\partial^2 h_y}{\partial y^2}+\frac{\partial^2 h_z}{\partial y\,\partial z}-\frac{\partial^2 h_y}{\partial x^2}-\frac{\partial^2 h_y}{\partial y^2}-\frac{\partial^2 h_y}{\partial z^2}\quad\longleftarrow\boxed{\dfrac{\partial^2 h_y}{\partial y^2}\text{をたして引いた．}}$$

$$=\frac{\partial}{\partial y}\left(\frac{\partial h_x}{\partial x}+\frac{\partial h_y}{\partial y}+\frac{\partial h_z}{\partial z}\right)-\left(\frac{\partial^2}{\partial x^2}+\frac{\partial^2}{\partial y^2}+\frac{\partial^2}{\partial z^2}\right)h_y\quad\longleftarrow\boxed{\text{整理した．}}$$

$$=\frac{\partial}{\partial y}(\vec{\nabla}\cdot\vec{h})-\triangle h_y\quad\longleftarrow\boxed{\text{ダイバージェンスとラプラシアンの定義を用いた．}}$$

この z 成分は

$$\frac{\partial\left(\frac{\partial h_x}{\partial z}-\frac{\partial h_z}{\partial x}\right)}{\partial x}-\frac{\partial\left(\frac{\partial h_z}{\partial y}-\frac{\partial h_y}{\partial z}\right)}{\partial y}$$

$$=\frac{\partial}{\partial x}\left(\frac{\partial h_x}{\partial z}-\frac{\partial h_z}{\partial x}\right)-\frac{\partial}{\partial y}\left(\frac{\partial h_z}{\partial y}-\frac{\partial h_y}{\partial z}\right)$$

$$=\frac{\partial^2 h_x}{\partial x\,\partial z}-\frac{\partial^2 h_z}{\partial x^2}-\frac{\partial^2 h_z}{\partial y^2}+\frac{\partial^2 h_y}{\partial y\,\partial z}\quad\longleftarrow\boxed{\text{カッコを外した．}}$$

$$=\frac{\partial^2 h_x}{\partial z\,\partial x}+\frac{\partial^2 h_y}{\partial z\,\partial y}-\frac{\partial^2 h_z}{\partial x^2}-\frac{\partial^2 h_z}{\partial y^2}\quad\longleftarrow\boxed{\text{微分等式②を用いた．}}$$

$$=\frac{\partial^2 h_x}{\partial z\,\partial x}+\frac{\partial^2 h_y}{\partial z\,\partial y}+\frac{\partial^2 h_z}{\partial z^2}-\frac{\partial^2 h_z}{\partial x^2}-\frac{\partial^2 h_z}{\partial y^2}-\frac{\partial^2 h_z}{\partial z^2}\quad\longleftarrow\boxed{\dfrac{\partial^2 h_z}{\partial z^2}\text{をたして引いた．}}$$

$$=\frac{\partial}{\partial z}\left(\frac{\partial h_x}{\partial x}+\frac{\partial h_y}{\partial y}+\frac{\partial h_z}{\partial z}\right)-\left(\frac{\partial^2}{\partial x^2}+\frac{\partial^2}{\partial y^2}+\frac{\partial^2}{\partial z^2}\right)h_z\quad\longleftarrow\boxed{\text{整理した．}}$$

$$=\frac{\partial}{\partial z}(\vec{\nabla}\cdot\vec{h})-\triangle h_z\quad\longleftarrow\boxed{\text{ダイバージェンスとラプラシアンの定義を用いた．}}$$

と書けることから，これらの結果をまとめることで，

$$\vec{\nabla}\times(\vec{\nabla}\times\vec{h})=\left(\frac{\partial}{\partial x}(\vec{\nabla}\cdot\vec{h})-\triangle h_x,\ \frac{\partial}{\partial y}(\vec{\nabla}\cdot\vec{h})-\triangle h_y,\ \frac{\partial}{\partial z}(\vec{\nabla}\cdot\vec{h})-\triangle h_z\right)$$

$$=\left(\frac{\partial}{\partial x}(\vec{\nabla}\cdot\vec{h}),\ \frac{\partial}{\partial y}(\vec{\nabla}\cdot\vec{h}),\ \frac{\partial}{\partial z}(\vec{\nabla}\cdot\vec{h})\right)-(\triangle h_x,\ \triangle h_y,\ \triangle h_z)\quad\longleftarrow\boxed{\text{整理した．}}$$

$$=\left(\frac{\partial}{\partial x}(\vec{\nabla}\cdot\vec{h}),\ \frac{\partial}{\partial y}(\vec{\nabla}\cdot\vec{h}),\ \frac{\partial}{\partial z}(\vec{\nabla}\cdot\vec{h})\right)-\triangle(h_x,\ h_y,\ h_z)\quad\longleftarrow\boxed{\text{ラプラシアンでくくった．}}$$

$$=\left(\frac{\partial}{\partial x},\ \frac{\partial}{\partial y},\ \frac{\partial}{\partial z}\right)\vec{\nabla}\cdot\vec{h}-\triangle(h_x,\ h_y,\ h_z)\quad\longleftarrow\boxed{\vec{\nabla}\cdot\vec{h}\text{でくくった．}}$$

$$=\vec{\nabla}(\vec{\nabla}\cdot\vec{h})-\triangle\vec{h}\quad\longleftarrow\boxed{\text{グラディエントの定義を用いた．}}$$

[問題 1-3：ラプラシアンの線形性]

ベクトル $\vec{h} = (h_x, h_y, h_z)$, $\vec{h}_1 = (h_{1x}, h_{1y}, h_{1z})$, $\vec{h}_2 = (h_{2x}, h_{2y}, h_{2z})$ と，スカラー T，T_1，T_2 について，次の関係式を示しなさい．ただし，$\vec{h}$，$\vec{h}_1$，$\vec{h}_2$，T，T_1，T_2 はすべて位置 (x, y, z) の関数とし，a は定数とします．

(1) $\triangle(aT) = a\triangle T$ (2) $\triangle(a\vec{h}) = a\triangle\vec{h}$

(3) $\triangle(T_1 + T_2) = \triangle T_1 + \triangle T_2$ (4) $\triangle(\vec{h}_1 + \vec{h}_2) = \triangle\vec{h}_1 + \triangle\vec{h}_2$

[解]

(1) $\triangle(aT)$

$$= \left(\frac{\partial^2}{\partial x^2} + \frac{\partial^2}{\partial y^2} + \frac{\partial^2}{\partial z^2}\right)(aT) \quad \longleftarrow \boxed{\text{ラプラシアンの定義を用いた．}}$$

$$= \frac{\partial^2}{\partial x^2}(aT) + \frac{\partial^2}{\partial y^2}(aT) + \frac{\partial^2}{\partial z^2}(aT) \quad \longleftarrow \boxed{\text{カッコを外した．}}$$

$$= a\frac{\partial^2 T}{\partial x^2} + a\frac{\partial^2 T}{\partial y^2} + a\frac{\partial^2 T}{\partial z^2} \quad \longleftarrow \boxed{\text{定数 } a \text{ を微分の前に出した．}}$$

$$= a\left(\frac{\partial^2 T}{\partial x^2} + \frac{\partial^2 T}{\partial y^2} + \frac{\partial^2 T}{\partial z^2}\right) \quad \longleftarrow \boxed{a \text{ でくくった．}}$$

$$= a\triangle T \quad \longleftarrow \boxed{\text{ラプラシアンの定義を用いた．}}$$

(2) $\triangle(a\vec{h})$

$$= \left(\frac{\partial^2}{\partial x^2} + \frac{\partial^2}{\partial y^2} + \frac{\partial^2}{\partial z^2}\right)(a\vec{h}) \quad \longleftarrow \boxed{\text{ラプラシアンの定義を用いた．}}$$

$$= \left(\frac{\partial^2}{\partial x^2} + \frac{\partial^2}{\partial y^2} + \frac{\partial^2}{\partial z^2}\right)(ah_x, ah_y, ah_z) \quad \longleftarrow \boxed{\vec{h} \text{ を } x, y, z \text{ 成分で表した．}}$$

$$= \left(\frac{\partial^2(ah_x)}{\partial x^2} + \frac{\partial^2(ah_x)}{\partial y^2} + \frac{\partial^2(ah_x)}{\partial z^2}, \frac{\partial^2(ah_y)}{\partial x^2} + \frac{\partial^2(ah_y)}{\partial y^2} + \frac{\partial^2(ah_y)}{\partial z^2}, \right.$$
$$\left. \frac{\partial^2(ah_z)}{\partial x^2} + \frac{\partial^2(ah_z)}{\partial y^2} + \frac{\partial^2(ah_z)}{\partial z^2}\right)$$

$$= \left(a\left(\frac{\partial^2 h_x}{\partial x^2} + \frac{\partial^2 h_x}{\partial y^2} + \frac{\partial^2 h_x}{\partial z^2}\right), a\left(\frac{\partial^2 h_y}{\partial x^2} + \frac{\partial^2 h_y}{\partial y^2} + \frac{\partial^2 h_y}{\partial z^2}\right), \right.$$
$$\left. a\left(\frac{\partial^2 h_z}{\partial x^2} + \frac{\partial^2 h_z}{\partial y^2} + \frac{\partial^2 h_z}{\partial z^2}\right)\right) \quad \longleftarrow \boxed{\text{定数 } a \text{ を前に出した．}}$$

$$= a\left(\frac{\partial^2 h_x}{\partial x^2} + \frac{\partial^2 h_x}{\partial y^2} + \frac{\partial^2 h_x}{\partial z^2}, \frac{\partial^2 h_y}{\partial x^2} + \frac{\partial^2 h_y}{\partial y^2} + \frac{\partial^2 h_y}{\partial z^2}, \frac{\partial^2 h_z}{\partial x^2} + \frac{\partial^2 h_z}{\partial y^2} + \frac{\partial^2 h_z}{\partial z^2}\right)$$

$$= a\left(\left(\frac{\partial^2}{\partial x^2} + \frac{\partial^2}{\partial y^2} + \frac{\partial^2}{\partial z^2}\right)h_x, \left(\frac{\partial^2}{\partial x^2} + \frac{\partial^2}{\partial y^2} + \frac{\partial^2}{\partial z^2}\right)h_y, \left(\frac{\partial^2}{\partial x^2} + \frac{\partial^2}{\partial y^2} + \frac{\partial^2}{\partial z^2}\right)h_z\right)$$

$$= a\left(\frac{\partial^2}{\partial x^2} + \frac{\partial^2}{\partial y^2} + \frac{\partial^2}{\partial z^2}\right)(h_x, h_y, h_z) \longleftarrow \boxed{\frac{\partial^2}{\partial x^2} + \frac{\partial^2}{\partial y^2} + \frac{\partial^2}{\partial z^2} \text{ でくくった．}} \boxed{\begin{array}{l}h_x, h_y, h_z \text{ で}\\ \text{くくった．}\end{array}}$$

$$= a\triangle\vec{h} \quad \longleftarrow \boxed{\text{ラプラシアンの定義を用いた．}}$$

(3)　$\triangle(T_1 + T_2)$

$$= \left(\frac{\partial^2}{\partial x^2} + \frac{\partial^2}{\partial y^2} + \frac{\partial^2}{\partial z^2}\right)(T_1 + T_2) \quad \longleftarrow \boxed{\text{ラプラシアンの定義を用いた.}}$$

$$= \frac{\partial^2}{\partial x^2}(T_1 + T_2) + \frac{\partial^2}{\partial y^2}(T_1 + T_2) + \frac{\partial^2}{\partial z^2}(T_1 + T_2) \quad \longleftarrow \boxed{\text{カッコを外した.}}$$

$$= \frac{\partial^2 T_1}{\partial x^2} + \frac{\partial^2 T_2}{\partial x^2} + \frac{\partial^2 T_1}{\partial y^2} + \frac{\partial^2 T_2}{\partial y^2} + \frac{\partial^2 T_1}{\partial z^2} + \frac{\partial^2 T_2}{\partial z^2} \quad \longleftarrow \boxed{\text{カッコを外した.}}$$

$$= \frac{\partial^2 T_1}{\partial x^2} + \frac{\partial^2 T_1}{\partial y^2} + \frac{\partial^2 T_1}{\partial z^2} + \frac{\partial^2 T_2}{\partial x^2} + \frac{\partial^2 T_2}{\partial y^2} + \frac{\partial^2 T_2}{\partial z^2} \quad \longleftarrow \boxed{\text{並びかえた.}}$$

$$= \left(\frac{\partial^2}{\partial x^2} + \frac{\partial^2}{\partial y^2} + \frac{\partial^2}{\partial z^2}\right)T_1 + \left(\frac{\partial^2}{\partial x^2} + \frac{\partial^2}{\partial y^2} + \frac{\partial^2}{\partial z^2}\right)T_2 \quad \longleftarrow \boxed{T_1,\, T_2 \text{ でくくった.}}$$

$$= \triangle T_1 + \triangle T_2 \quad \longleftarrow \boxed{\text{ラプラシアンの定義を用いた.}}$$

(4)　$\triangle(\vec{h_1} + \vec{h_2})$

$$= \left(\frac{\partial^2}{\partial x^2} + \frac{\partial^2}{\partial y^2} + \frac{\partial^2}{\partial z^2}\right)(\vec{h_1} + \vec{h_2}) \quad \longleftarrow \boxed{\text{ラプラシアンの定義を用いた.}}$$

$$= \left(\frac{\partial^2}{\partial x^2} + \frac{\partial^2}{\partial y^2} + \frac{\partial^2}{\partial z^2}\right)(h_{1x} + h_{2x},\, h_{1y} + h_{2y},\, h_{1z} + h_{2z}) \quad \longleftarrow \boxed{\begin{array}{l}\vec{h_1},\vec{h_2} \text{ を } x, y, z \\ \text{成分で表した.}\end{array}}$$

$$= \left(\left(\frac{\partial^2}{\partial x^2} + \frac{\partial^2}{\partial y^2} + \frac{\partial^2}{\partial z^2}\right)(h_{1x} + h_{2x}),\, \left(\frac{\partial^2}{\partial x^2} + \frac{\partial^2}{\partial y^2} + \frac{\partial^2}{\partial z^2}\right)(h_{1y} + h_{2y}),\right.$$

$$\left.\left(\frac{\partial^2}{\partial x^2} + \frac{\partial^2}{\partial y^2} + \frac{\partial^2}{\partial z^2}\right)(h_{1z} + h_{2z})\right) \quad \longleftarrow \boxed{\frac{\partial^2}{\partial x^2} + \frac{\partial^2}{\partial y^2} + \frac{\partial^2}{\partial z^2} \text{ を中に入れた.}}$$

$$= \left(\left(\frac{\partial^2}{\partial x^2} + \frac{\partial^2}{\partial y^2} + \frac{\partial^2}{\partial z^2}\right)h_{1x},\, \left(\frac{\partial^2}{\partial x^2} + \frac{\partial^2}{\partial y^2} + \frac{\partial^2}{\partial z^2}\right)h_{1y},\right.$$

$$\left.\left(\frac{\partial^2}{\partial x^2} + \frac{\partial^2}{\partial y^2} + \frac{\partial^2}{\partial z^2}\right)h_{1z}\right)$$

$$+ \left(\left(\frac{\partial^2}{\partial x^2} + \frac{\partial^2}{\partial y^2} + \frac{\partial^2}{\partial z^2}\right)h_{2x},\, \left(\frac{\partial^2}{\partial x^2} + \frac{\partial^2}{\partial y^2} + \frac{\partial^2}{\partial z^2}\right)h_{2y},\right.$$

$$\left.\left(\frac{\partial^2}{\partial x^2} + \frac{\partial^2}{\partial y^2} + \frac{\partial^2}{\partial z^2}\right)h_{2z}\right) \quad \longleftarrow \boxed{\vec{h_1} \text{ の項と } \vec{h_2} \text{ の項に分離した.}}$$

$$= \left(\frac{\partial^2}{\partial x^2} + \frac{\partial^2}{\partial y^2} + \frac{\partial^2}{\partial z^2}\right)(h_{1x}, h_{1y}, h_{1z}) + \left(\frac{\partial^2}{\partial x^2} + \frac{\partial^2}{\partial y^2} + \frac{\partial^2}{\partial z^2}\right)(h_{2x}, h_{2y}, h_{2z}) \longleftarrow$$

$$= \triangle\vec{h_1} + \triangle\vec{h_2} \quad \longleftarrow \boxed{\begin{array}{l}\text{ラプラシアンの} \\ \text{定義を用いた.}\end{array}} \qquad \boxed{\frac{\partial^2}{\partial x^2} + \frac{\partial^2}{\partial y^2} + \frac{\partial^2}{\partial z^2} \text{ でくくった.}}$$

[問題 1-4：点電荷がつくる電場と $\vec{\nabla}\times\vec{E}=\vec{0}$ の関係]

原点 O にある点電荷 q が位置 $\vec{r}=(x,y,z)$ につくる電場 $\vec{E}=(E_x,E_y,E_z)$ の式

$$\vec{E}=k\frac{q}{r^3}\,\vec{r}$$

について，以下の関係式を示しなさい．ただし，クーロンの法則の比例定数を k とし，$r\neq0$ とします．

(1)　$\dfrac{\partial}{\partial x}\left(\dfrac{1}{r^3}\right)=-\dfrac{3x}{r^5},\ \ \dfrac{\partial}{\partial y}\left(\dfrac{1}{r^3}\right)=-\dfrac{3y}{r^5},\ \ \dfrac{\partial}{\partial z}\left(\dfrac{1}{r^3}\right)=-\dfrac{3z}{r^5}$　　(2)　$\vec{\nabla}\times\vec{E}=\vec{0}$

[解]

(1)　$r=\sqrt{x^2+y^2+z^2}=(x^2+y^2+z^2)^{\frac{1}{2}}$ と書けることから，

$$\frac{\partial}{\partial x}\left(\frac{1}{r^3}\right)=\frac{\partial}{\partial x}(x^2+y^2+z^2)^{-\frac{3}{2}}=-\frac{3}{2}(x^2+y^2+z^2)^{-\frac{5}{2}}\cdot2x=-\frac{3x}{r^5}$$

$$\frac{\partial}{\partial y}\left(\frac{1}{r^3}\right)=\frac{\partial}{\partial y}(x^2+y^2+z^2)^{-\frac{3}{2}}=-\frac{3}{2}(x^2+y^2+z^2)^{-\frac{5}{2}}\cdot2y=-\frac{3y}{r^5}$$

$$\frac{\partial}{\partial z}\left(\frac{1}{r^3}\right)=\frac{\partial}{\partial z}(x^2+y^2+z^2)^{-\frac{3}{2}}=-\frac{3}{2}(x^2+y^2+z^2)^{-\frac{5}{2}}\cdot2z=-\frac{3z}{r^5}$$

(2)　$\vec{E}=k\dfrac{q}{r^3}\,\vec{r}$ より，$E_x=k\dfrac{q}{r^3}\,x$, $E_y=k\dfrac{q}{r^3}\,y$, $E_z=k\dfrac{q}{r^3}\,z$ と書けることから，

$$\frac{\partial E_z}{\partial y}=\frac{\partial}{\partial y}\left(k\frac{q}{r^3}\,z\right)=kqz\frac{\partial}{\partial y}\left(\frac{1}{r^3}\right)=kqz\cdot\left(-\frac{3y}{r^5}\right)=-\frac{3kqyz}{r^5}$$

$$\frac{\partial E_y}{\partial z}=\frac{\partial}{\partial z}\left(k\frac{q}{r^3}\,y\right)=kqy\frac{\partial}{\partial z}\left(\frac{1}{r^3}\right)=kqy\cdot\left(-\frac{3z}{r^5}\right)=-\frac{3kqyz}{r^5}$$

$$\frac{\partial E_x}{\partial z}=\frac{\partial}{\partial z}\left(k\frac{q}{r^3}\,x\right)=kqx\frac{\partial}{\partial z}\left(\frac{1}{r^3}\right)=kqx\cdot\left(-\frac{3z}{r^5}\right)=-\frac{3kqxz}{r^5}$$

$$\frac{\partial E_z}{\partial x}=\frac{\partial}{\partial x}\left(k\frac{q}{r^3}\,z\right)=kqz\frac{\partial}{\partial x}\left(\frac{1}{r^3}\right)=kqz\cdot\left(-\frac{3x}{r^5}\right)=-\frac{3kqxz}{r^5}$$

$$\frac{\partial E_y}{\partial x}=\frac{\partial}{\partial x}\left(k\frac{q}{r^3}\,y\right)=kqy\frac{\partial}{\partial x}\left(\frac{1}{r^3}\right)=kqy\cdot\left(-\frac{3x}{r^5}\right)=-\frac{3kqxy}{r^5}$$

$$\frac{\partial E_x}{\partial y}=\frac{\partial}{\partial y}\left(k\frac{q}{r^3}\,x\right)=kqx\frac{\partial}{\partial y}\left(\frac{1}{r^3}\right)=kqx\cdot\left(-\frac{3y}{r^5}\right)=-\frac{3kqxy}{r^5}$$

となり，

$$\frac{\partial E_z}{\partial y}-\frac{\partial E_y}{\partial z}=-\frac{3kqyz}{r^5}-\left(-\frac{3kqyz}{r^5}\right)=0$$

$$\frac{\partial E_x}{\partial z}-\frac{\partial E_z}{\partial x}=-\frac{3kqxz}{r^5}-\left(-\frac{3kqxz}{r^5}\right)=0$$

$$\frac{\partial E_y}{\partial x}-\frac{\partial E_x}{\partial y}=-\frac{3kqxy}{r^5}-\left(-\frac{3kqxy}{r^5}\right)=0$$

が成り立ちます．よって，次の式が得られます．

$$\vec{\nabla}\times\vec{E}=\vec{0}$$

[問題 1-5：線電荷がつくる電場と $\vec{\nabla}\times\vec{E}=\vec{0}$ の関係]

z 軸上にある一様な線電荷密度 λ の十分に長い線電荷が位置 $\vec{r}=(x,y,z)$ につくる電場 $\vec{E}=(E_x,E_y,E_z)$ の式

$$\vec{E}=\frac{\lambda}{2\pi\varepsilon_0 r_\perp}\,\vec{t}$$

について、以下の関係式を示しなさい。ただし、$r_\perp=\sqrt{x^2+y^2}$, $\vec{t}=\left(\dfrac{x}{r_\perp},\dfrac{y}{r_\perp},0\right)$ とし、真空の誘電率を ε_0 とします。

(1)　$\dfrac{\partial}{\partial x}\left(\dfrac{1}{r_\perp{}^2}\right)=-\dfrac{2x}{r_\perp{}^4}$, $\dfrac{\partial}{\partial y}\left(\dfrac{1}{r_\perp{}^2}\right)=-\dfrac{2y}{r_\perp{}^4}$　　(2)　$\vec{\nabla}\times\vec{E}=\vec{0}$

[解]

(1)　$\dfrac{\partial}{\partial x}\left(\dfrac{1}{r_\perp{}^2}\right)=-2r_\perp^{-3}\dfrac{\partial r_\perp}{\partial x}=-2r_\perp^{-3}\dfrac{\partial\sqrt{x^2+y^2}}{\partial x}=-2r_\perp^{-3}\dfrac{2x}{2\sqrt{x^2+y^2}}$

$\qquad\qquad =-\dfrac{2x}{r_\perp{}^4}$

$\qquad\dfrac{\partial}{\partial y}\left(\dfrac{1}{r_\perp{}^2}\right)=-2r_\perp^{-3}\dfrac{\partial r_\perp}{\partial y}=-2r_\perp^{-3}\dfrac{\partial\sqrt{x^2+y^2}}{\partial y}=-2r_\perp^{-3}\dfrac{2y}{2\sqrt{x^2+y^2}}$

$\qquad\qquad =-\dfrac{2y}{r_\perp{}^4}$

(2)　$E_x=\dfrac{\lambda}{2\pi\varepsilon_0 r_\perp{}^2}\,x$, $E_y=\dfrac{\lambda}{2\pi\varepsilon_0 r_\perp{}^2}\,y$, $E_z=0$ と書けることから、

$\qquad\dfrac{\partial E_z}{\partial y}=\dfrac{\partial}{\partial y}\,(0)=0,\qquad\dfrac{\partial E_y}{\partial z}=\dfrac{\partial}{\partial z}\left(\dfrac{\lambda}{2\pi\varepsilon_0 r_\perp{}^2}\,y\right)=0$

$\qquad\dfrac{\partial E_x}{\partial z}=\dfrac{\partial}{\partial z}\left(\dfrac{\lambda}{2\pi\varepsilon_0 r_\perp{}^2}\,x\right)=0,\qquad\dfrac{\partial E_z}{\partial x}=\dfrac{\partial}{\partial x}\,(0)=0$

$\qquad\dfrac{\partial E_y}{\partial x}=\dfrac{\partial}{\partial x}\left(\dfrac{\lambda}{2\pi\varepsilon_0 r_\perp{}^2}\,y\right)=\dfrac{\lambda y}{2\pi\varepsilon_0}\dfrac{\partial}{\partial x}\left(\dfrac{1}{r_\perp{}^2}\right)=\dfrac{\lambda y}{2\pi\varepsilon_0}\cdot\left(-\dfrac{2x}{r_\perp{}^4}\right)=-\dfrac{\lambda xy}{\pi\varepsilon_0 r_\perp{}^4}$

$\qquad\dfrac{\partial E_x}{\partial y}=\dfrac{\partial}{\partial y}\left(\dfrac{\lambda}{2\pi\varepsilon_0 r_\perp{}^2}\,x\right)=\dfrac{\lambda x}{2\pi\varepsilon_0}\dfrac{\partial}{\partial y}\left(\dfrac{1}{r_\perp{}^2}\right)=\dfrac{\lambda x}{2\pi\varepsilon_0}\cdot\left(-\dfrac{2y}{r_\perp{}^4}\right)=-\dfrac{\lambda xy}{\pi\varepsilon_0 r_\perp{}^4}$

となり、

$$\dfrac{\partial E_z}{\partial y}-\dfrac{\partial E_y}{\partial z}=0-0=0$$

$$\dfrac{\partial E_x}{\partial z}-\dfrac{\partial E_z}{\partial x}=0-0=0$$

$$\dfrac{\partial E_y}{\partial x}-\dfrac{\partial E_x}{\partial y}=-\dfrac{\lambda xy}{\pi\varepsilon_0 r_\perp{}^4}-\left(-\dfrac{\lambda xy}{\pi\varepsilon_0 r_\perp{}^4}\right)=0$$

が成り立ちます。よって、次の式が得られます。

$$\vec{\nabla}\times\vec{E}=\vec{0}$$

[問題 1-6：面電荷がつくる電場と $\vec{\nabla}\times\vec{E}=\vec{0}$ の関係]

$x=0$ の yz 平面上にある一様な面電荷密度 σ の十分に広い面電荷が位置 $\vec{r}=(x,y,z)$ につくる電場 $\vec{E}=(E_x,E_y,E_z)$ の式

$$\vec{E}=\frac{\sigma}{2\varepsilon_0}\vec{t}$$

について,

$$\vec{\nabla}\times\vec{E}=\vec{0}$$

の関係式を示しなさい. ただし, $\vec{t}=\left(\dfrac{x}{|x|},0,0\right)$ とし, 真空の誘電率を ε_0 とします.

[解]

$\vec{E}=\dfrac{\sigma}{2\varepsilon_0}\vec{t}$ を x,y,z 成分で表すと,

$$E_x=\frac{\sigma}{2\varepsilon_0|x|}x, \qquad E_y=0, \qquad E_z=0$$

と書けることから,

$$\frac{\partial E_z}{\partial y}=\frac{\partial}{\partial y}(0)=0, \qquad\qquad \frac{\partial E_y}{\partial z}=\frac{\partial}{\partial z}(0)=0$$

$$\frac{\partial E_x}{\partial z}=\frac{\partial}{\partial z}\left(\frac{\sigma}{2\varepsilon_0|x|}x\right)=0, \qquad \frac{\partial E_z}{\partial x}=\frac{\partial}{\partial x}(0)=0$$

$$\frac{\partial E_y}{\partial x}=\frac{\partial}{\partial x}(0)=0, \qquad\qquad \frac{\partial E_x}{\partial y}=\frac{\partial}{\partial y}\left(\frac{\sigma}{2\varepsilon_0|x|}x\right)=0$$

となり,

$$\frac{\partial E_z}{\partial y}-\frac{\partial E_y}{\partial z}=0-0=0$$

$$\frac{\partial E_x}{\partial z}-\frac{\partial E_z}{\partial x}=0-0=0$$

$$\frac{\partial E_y}{\partial x}-\frac{\partial E_x}{\partial y}=0-0=0$$

が成り立ちます. よって,

$$\left(\frac{\partial E_z}{\partial y}-\frac{\partial E_y}{\partial z},\frac{\partial E_x}{\partial z}-\frac{\partial E_z}{\partial x},\frac{\partial E_y}{\partial x}-\frac{\partial E_x}{\partial y}\right)=(0,0,0)$$

と書けることより,

$$\vec{\nabla}\times\vec{E}=\vec{0}$$

が得られます.

[問題 1-7：クーロンの法則の導出(1)]

　図のように，距離 r だけ離れた点 S と点 T があり，点電荷 $-q_1$ が点 S に，点電荷 $+q_2$ が点 T に固定してあります．このとき，クーロンの法則の比例定数を k として，以下の問に答えなさい．

(1)　点電荷 $-q_1$ が点 T につくる電場 $\vec{E}_1$ の向きと大きさ E_1 を求めなさい．

(2)　点電荷 $+q_2$ が(1)の電場 $\vec{E}_1$ から受ける力の向きと大きさを求めなさい．

(3)　点電荷 $+q_2$ が点 S につくる電場 $\vec{E}_2$ の向きと大きさ E_2 を求めなさい．

(4)　点電荷 $-q_1$ が(3)の電場 $\vec{E}_2$ から受ける力の向きと大きさを求めなさい．

[解]

(1)　点電荷 $-q_1$ は負の電荷なので，$-q_1$ 自身へと近づく向きに電場をつくります．
　　よって，$\vec{E}_1$ の向きは，左向き．

　　大きさは，$E_1 = k\dfrac{q_1}{r^2}$.

(2)　点電荷 $+q_2$ は正の電荷なので，電場 $\vec{E}_1$ と同じ向きに力を受けます．
　　よって，求める力の向きは，左向き．

　　大きさは，$F = q_2 E_1 = k\dfrac{q_1 q_2}{r^2}$.

(3)　点電荷 $+q_2$ は正の電荷なので，$+q_2$ 自身から遠ざかる向きに電場をつくります．
　　よって，$\vec{E}_2$ の向きは，左向き．

　　大きさは，$E_2 = k\dfrac{q_2}{r^2}$.

(4)　点電荷 $-q_1$ は負の電荷なので，電場 $\vec{E}_2$ と逆向きに力を受けます．
　　よって，求める力の向きは，右向き．

　　大きさは，$F = q_1 E_2 = k\dfrac{q_1 q_2}{r^2}$.

[問題 1-8：クーロンの法則の導出(2)]

図のように，距離 r だけ離れた点 S と点 T があり，点電荷 $-q_1$ が点 S に，点電荷 $-q_2$ が点 T に固定してあります．このとき，クーロンの法則の比例定数を k として，以下の問に答えなさい．

(1)   点電荷 $-q_1$ が点 T につくる電場 $\vec{E}_1$ の向きと大きさ E_1 を求めなさい．

(2)   点電荷 $-q_2$ が(1)の電場 $\vec{E}_1$ から受ける力の向きと大きさを求めなさい．

(3)   点電荷 $-q_2$ が点 S につくる電場 $\vec{E}_2$ の向きと大きさ E_2 を求めなさい．

(4)   点電荷 $-q_1$ が(3)の電場 $\vec{E}_2$ から受ける力の向きと大きさを求めなさい．

[解]

(1)   点電荷 $-q_1$ は負の電荷なので，$-q_1$ 自身へと近づく向きに電場をつくります．よって，$\vec{E}_1$ の向きは，左向き．

大きさは，$E_1 = k\dfrac{q_1}{r^2}$．

(2)   点電荷 $-q_2$ は負の電荷なので，電場 $\vec{E}_1$ と逆向きに力を受けます．よって，求める力の向きは，右向き．

大きさは，$F = q_2 E_1 = k\dfrac{q_1 q_2}{r^2}$．

(3)   点電荷 $-q_2$ は負の電荷なので，$-q_2$ 自身へと近づく向きに電場をつくります．よって，$\vec{E}_2$ の向きは，右向き．

大きさは，$E_2 = k\dfrac{q_2}{r^2}$．

(4)   点電荷 $-q_1$ は負の電荷なので，電場 $\vec{E}_2$ と逆向きに力を受けます．よって，求める力の向きは，左向き．

大きさは，$F = q_1 E_2 = k\dfrac{q_1 q_2}{r^2}$．

[問題 1-9：直線電流同士が受ける力]

　真空中に，2本の十分に長い直線電流 I_1，I_2 が図のように互いに逆向きに流れています．2本の直線電流は距離 d だけ離れて平行に置かれており，真空の透磁率を μ_0 として，以下の問に答えなさい．

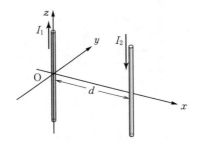

(1)　電流 I_1 が，電流 I_2 の位置につくる磁束密度 $\vec{B}_1$ の大きさと向きを求めなさい．

(2)　電流 I_2 の長さ l の部分が，磁束密度 $\vec{B}_1$ から受ける電磁力 $\vec{F}_2$ の大きさと向きを求めなさい．

(3)　電流 I_2 が，電流 I_1 の位置につくる磁束密度 $\vec{B}_2$ の大きさと向きを求めなさい．

(4)　電流 I_1 の長さ l の部分が，磁束密度 $\vec{B}_2$ から受ける電磁力 $\vec{F}_1$ の大きさと向きを求めなさい．

[解]

(1)　電流 I_1 が電流 I_2 の位置につくる磁束密度 $\vec{B}_1$ は，図のように y 軸の正の向きに大きさ $\dfrac{\mu_0 I_1}{2\pi d}$ となります．

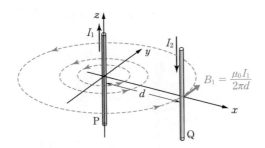

(2) 電流 I_2 の長さ l の部分が受ける電磁力 $\vec{F_2} = \vec{I_2} \times \vec{B_1}\, l$ は，電流 $\vec{I_2}$ と $\vec{B_1}$ が垂直な

ので，図のように x 軸の正の向きに大きさ $F_2 = I_2 B_1 l = \dfrac{\mu_0 I_1 I_2 l}{2\pi d}$ となります．

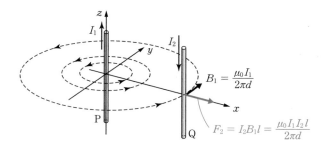

(3) 電流 I_2 が電流 I_1 の位置につくる磁束密度 $\vec{B_2}$ は，図のように y 軸の正の向きに

大きさ $\dfrac{\mu_0 I_2}{2\pi d}$ となります．

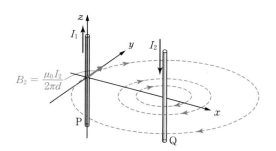

(4) 電流 I_1 の長さ l の部分が受ける電磁力 $\vec{F_1} = \vec{I_1} \times \vec{B_2} l$ は，電流 $\vec{I_1}$ と $\vec{B_2}$ が垂直な

ので，図のように x 軸の負の向きに大きさ $F_1 = I_1 B_2 l = \dfrac{\mu_0 I_1 I_2 l}{2\pi d}$ となります．

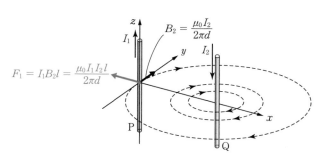

[問題 1-10：ベクトル解析の公式]

ベクトル $\vec{r} = (x, y, z)$ 及び定数ベクトル $\vec{r}' = (x', y', z')$ について次の計算をしなさい．ただし，$|\vec{r} - \vec{r}'| \neq 0$ とし，n は整数とします．

(1) $\vec{\nabla}|\vec{r} - \vec{r}'|$ 　　　　　　　(2) $\vec{\nabla}|\vec{r} - \vec{r}'|^n$

[解]

(1) $\vec{\nabla}|\vec{r} - \vec{r}'| = \left(\dfrac{\partial|\vec{r} - \vec{r}'|}{\partial x}, \dfrac{\partial|\vec{r} - \vec{r}'|}{\partial y}, \dfrac{\partial|\vec{r} - \vec{r}'|}{\partial z} \right)$ ← グラディエントの定義を用いた．

ここで，$\vec{r} - \vec{r}' = (x - x', y - y', z - z')$ と書けることより

$$|\vec{r} - \vec{r}'| = \sqrt{(x - x')^2 + (y - y')^2 + (z - z')^2} \tag{A1.1}$$

を用いると，$\vec{\nabla}|\vec{r} - \vec{r}'|$ の x 成分は

$$\frac{\partial|\vec{r} - \vec{r}'|}{\partial x} = \frac{\partial\sqrt{(x - x')^2 + (y - y')^2 + (z - z')^2}}{\partial x} \quad \text{← (A1.1)を用いた．}$$

$$= \frac{\partial}{\partial x}\{(x - x')^2 + (y - y')^2 + (z - z')^2\}^{\frac{1}{2}} \quad \text{← ルートは1/2乗}$$

$$= \frac{1}{2}\{(x - x')^2 + (y - y')^2 + (z - z')^2\}^{-\frac{1}{2}} \cdot 2(x - x') \quad \text{← 合成関数の微分}$$

$$= \frac{x - x'}{\sqrt{(x - x')^2 + (y - y')^2 + (z - z')^2}} \quad \text{← 整理した．}$$

$$= \frac{x - x'}{|\vec{r} - \vec{r}'|} \quad \text{← (A1.1)を用いた．}$$

y 成分は

$$\frac{\partial|\vec{r} - \vec{r}'|}{\partial y} = \frac{\partial\sqrt{(x - x')^2 + (y - y')^2 + (z - z')^2}}{\partial y} \quad \text{← (A1.1)を用いた．}$$

$$= \frac{\partial}{\partial y}\{(x - x')^2 + (y - y')^2 + (z - z')^2\}^{\frac{1}{2}} \quad \text{← ルートは1/2乗}$$

$$= \frac{1}{2}\{(x - x')^2 + (y - y')^2 + (z - z')^2\}^{-\frac{1}{2}} \cdot 2(y - y') \quad \text{← 合成関数の微分}$$

$$= \frac{y - y'}{\sqrt{(x - x')^2 + (y - y')^2 + (z - z')^2}} \quad \text{← 整理した．}$$

$$= \frac{y - y'}{|\vec{r} - \vec{r}'|} \quad \text{← (A1.1)を用いた．}$$

z 成分は

$$\frac{\partial|\vec{r} - \vec{r}'|}{\partial z} = \frac{\partial\sqrt{(x - x')^2 + (y - y')^2 + (z - z')^2}}{\partial z} \quad \text{← (A1.1)を用いた．}$$

$$= \frac{\partial}{\partial z}\{(x - x')^2 + (y - y')^2 + (z - z')^2\}^{\frac{1}{2}} \quad \text{← ルートは1/2乗}$$

$$= \frac{1}{2}\{(x - x')^2 + (y - y')^2 + (z - z')^2\}^{-\frac{1}{2}} \cdot 2(z - z') \quad \text{← 合成関数の微分}$$

$$= \frac{z - z'}{\sqrt{(x - x')^2 + (y - y')^2 + (z - z')^2}} \quad \text{← 整理した．}$$

$$= \frac{z - z'}{|\vec{r} - \vec{r}'|} \quad \longleftarrow \boxed{(A1.1) を用いた.}$$

と書けることから,

$$\vec{\nabla} |\vec{r} - \vec{r}'| = \left(\frac{x - x'}{|\vec{r} - \vec{r}'|}, \frac{y - y'}{|\vec{r} - \vec{r}'|}, \frac{z - z'}{|\vec{r} - \vec{r}'|} \right) \quad \longleftarrow \boxed{\begin{array}{l} x, y, z \text{ 成分で計算した} \\ \text{ものをまとめた.} \end{array}}$$

$$= \frac{1}{|\vec{r} - \vec{r}'|} (x - x', y - y', z - z') \quad \longleftarrow \boxed{\frac{1}{|\vec{r} - \vec{r}'|} \text{ を前に出した.}}$$

$$= \frac{\vec{r} - \vec{r}'}{|\vec{r} - \vec{r}'|} \quad \longleftarrow \boxed{(A1.1) を用いた.}$$

✎ コメント

この $\dfrac{\vec{r} - \vec{r}'}{|\vec{r} - \vec{r}'|}$ は $\vec{r}'$ から $\vec{r}$ へ向かう単位ベクトルを表します.

(2) $\quad \vec{\nabla} |\vec{r} - \vec{r}'|^n = \left(\dfrac{\partial |\vec{r} - \vec{r}'|^n}{\partial x}, \dfrac{\partial |\vec{r} - \vec{r}'|^n}{\partial y}, \dfrac{\partial |\vec{r} - \vec{r}'|^n}{\partial z} \right)$

この x 成分は

$$\frac{\partial |\vec{r} - \vec{r}'|^n}{\partial x} = \frac{\partial \sqrt{(x - x')^2 + (y - y')^2 + (z - z')^2}^{\,n}}{\partial x} \quad \longleftarrow \boxed{(A1.1) を用いた.}$$

$$= \frac{\partial}{\partial x} \{(x - x')^2 + (y - y')^2 + (z - z')^2\}^{\frac{n}{2}} \quad \longleftarrow \boxed{ルートは 1/2 乗}$$

$$= \frac{n}{2} \{(x - x')^2 + (y - y')^2 + (z - z')^2\}^{\frac{n}{2} - 1} \cdot 2(x - x') \quad \longleftarrow \boxed{\begin{array}{l} \text{合成関数} \\ \text{の微分} \end{array}}$$

$$= \frac{n}{2} \{(x - x')^2 + (y - y')^2 + (z - z')^2\}^{\frac{n-2}{2}} \cdot 2(x - x') \quad \longleftarrow \boxed{整理した.}$$

$$= n \{(x - x')^2 + (y - y')^2 + (z - z')^2\}^{\frac{n-2}{2}} (x - x') \quad \longleftarrow \boxed{整理した.}$$

$$= n |\vec{r} - \vec{r}'|^{n-2} (x - x') \quad \longleftarrow \boxed{(A1.1) を用いた.}$$

この y 成分は

$$\frac{\partial |\vec{r} - \vec{r}'|^n}{\partial y} = \frac{\partial \sqrt{(x - x')^2 + (y - y')^2 + (z - z')^2}^{\,n}}{\partial y} \quad \longleftarrow \boxed{(A1.1) を用いた.}$$

$$= \frac{\partial}{\partial y} \{(x - x')^2 + (y - y')^2 + (z - z')^2\}^{\frac{n}{2}} \quad \longleftarrow \boxed{ルートは 1/2 乗}$$

$$= \frac{n}{2} \{(x - x')^2 + (y - y')^2 + (z - z')^2\}^{\frac{n}{2} - 1} \cdot 2(y - y') \quad \longleftarrow \boxed{\begin{array}{l} \text{合成関数} \\ \text{の微分} \end{array}}$$

$$= \frac{n}{2} \{(x - x')^2 + (y - y')^2 + (z - z')^2\}^{\frac{n-2}{2}} \cdot 2(y - y') \quad \longleftarrow \boxed{整理した.}$$

$$= n \{(x - x')^2 + (y - y')^2 + (z - z')^2\}^{\frac{n-2}{2}} (y - y') \quad \longleftarrow \boxed{整理した.}$$

$$= n |\vec{r} - \vec{r}'|^{n-2} (y - y') \quad \longleftarrow \boxed{(A1.1) を用いた.}$$

この z 成分は

$$\frac{\partial |\vec{r} - \vec{r}'|^n}{\partial z} = \frac{\partial \sqrt{(x-x')^2 + (y-y')^2 + (z-z')^2}\,^n}{\partial z} \quad \boxed{\begin{array}{l}\text{合成関数}\\\text{の微分}\end{array}}$$

$$= \frac{\partial}{\partial z}\{(x-x')^2 + (y-y')^2 + (z-z')^2\}^{\frac{n}{2}} \quad \boxed{\text{ルートは } 1/2 \text{ 乗}}$$

$$= \frac{n}{2}\{(x-x')^2 + (y-y')^2 + (z-z')^2\}^{\frac{n}{2}-1} \cdot 2(z-z') \quad \boxed{\begin{array}{l}\text{合成関数}\\\text{の微分}\end{array}}$$

$$= \frac{n}{2}\{(x-x')^2 + (y-y')^2 + (z-z')^2\}^{\frac{n-2}{2}} \cdot 2(z-z') \quad \boxed{\text{整理した.}}$$

$$= n\{(x-x')^2 + (y-y')^2 + (z-z')^2\}^{\frac{n-2}{2}}(z-z') \quad \boxed{\text{整理した.}}$$

$$= n|\vec{r} - \vec{r}'|^{n-2}(z-z') \quad \boxed{\text{(A1.1) を用いた.}}$$

と書けることから，

$$\vec{\nabla}|\vec{r} - \vec{r}'| = (n|\vec{r}-\vec{r}'|^{n-2}(x-x'), n|\vec{r}-\vec{r}'|^{n-2}(y-y'), n|\vec{r}-\vec{r}'|^{n-2}(z-z'))$$

$$= n|\vec{r}-\vec{r}'|^{n-2}(x-x', y-y', z-z') \quad \boxed{n|\vec{r}-\vec{r}'|^{n-2} \text{ を前に出した.}}$$

$$= n|\vec{r}-\vec{r}'|^{n-2}(\vec{r}-\vec{r}') \quad \boxed{\text{(A1.1) を用いた.}}$$

✎ コメント

合成関数の微分を意識して，

$$\vec{\nabla}|\vec{r} - \vec{r}'|^n = n|\vec{r} - \vec{r}'|^{n-1}\vec{\nabla}|\vec{r} - \vec{r}'|$$

とし，これに (1) の $\vec{\nabla}|\vec{r} - \vec{r}'| = \dfrac{\vec{r}-\vec{r}'}{|\vec{r}-\vec{r}'|}$ を用いると，

$$\vec{\nabla}|\vec{r} - \vec{r}'|^n = n|\vec{r}-\vec{r}'|^{n-1}\frac{\vec{r}-\vec{r}'}{|\vec{r}-\vec{r}'|} = n|\vec{r}-\vec{r}'|^{n-2}(\vec{r}-\vec{r}')$$

と楽に求めることができます.

この問題 1-10 の結果はよく用いられるので，下にまとめておきます.

$$\boxed{\begin{array}{l}\vec{\nabla}|\vec{r} - \vec{r}'| = \dfrac{\vec{r}-\vec{r}'}{|\vec{r}-\vec{r}'|} : \vec{r}' \text{ から } \vec{r} \text{ に向かう単位ベクトル}\\[3mm] \vec{\nabla}|\vec{r} - \vec{r}'|^n = n|\vec{r}-\vec{r}'|^{n-1}\dfrac{\vec{r}-\vec{r}'}{|\vec{r}-\vec{r}'|} = n|\vec{r}-\vec{r}'|^{n-2}(\vec{r}-\vec{r}')\end{array}}$$

[問題 1-11：ベクトル解析の公式]

ベクトル $\vec{r} = (x, y, z)$ の関数であるスカラー $g = g(\vec{r})$ と定数ベクトル $\vec{j} = (j_x, j_y, j_z)$ について，

$$\vec{\nabla} \times (g\vec{j}) = (\vec{\nabla}g) \times \vec{j}$$

という関係式が成り立つことを示しなさい．

[解]

$g\vec{j} = (gj_x, gj_y, gj_z)$ と書けることから，

$$\vec{\nabla} \times (g\vec{j}) = \left(\frac{\partial}{\partial x}, \frac{\partial}{\partial y}, \frac{\partial}{\partial z}\right) \times (gj_x, gj_y, gj_z)$$

← $\vec{\nabla}$ の定義を用いた．　　ローテーションの定義を用いた．

$$= \left(\frac{\partial}{\partial y}(gj_z) - \frac{\partial}{\partial z}(gj_y), \frac{\partial}{\partial z}(gj_x) - \frac{\partial}{\partial x}(gj_z), \frac{\partial}{\partial x}(gj_y) - \frac{\partial}{\partial y}(gj_x)\right)$$

$$= \left(\frac{\partial g}{\partial y}j_z - \frac{\partial g}{\partial z}j_y, \frac{\partial g}{\partial z}j_x - \frac{\partial g}{\partial x}j_z, \frac{\partial g}{\partial x}j_y - \frac{\partial g}{\partial y}j_x\right)$$

← j_x, j_y, j_z は定数であることを用いた．

となります．また，

$$(\vec{\nabla}g) \times \vec{j} = \left(\frac{\partial g}{\partial x}, \frac{\partial g}{\partial y}, \frac{\partial g}{\partial z}\right) \times (j_x, j_y, j_z)$$

← グラディエントの定義を用いた．

$$= \left(\frac{\partial g}{\partial y}j_z - \frac{\partial g}{\partial z}j_y, \frac{\partial g}{\partial z}j_x - \frac{\partial g}{\partial x}j_z, \frac{\partial g}{\partial x}j_y - \frac{\partial g}{\partial y}j_x\right)$$

← 外積の定義を用いた．

となります．よって，両者は一致するので，

$$\vec{\nabla} \times (g\vec{j}) = (\vec{\nabla}g) \times \vec{j}$$

が成り立ちます．

索　引

著者略歴

竹川 敦
たけ かわ　あつし

2004 年　東京大学教養学部広域科学科卒業.
2006 年　東京大学大学院総合文化研究科広域科学専攻修士課程修了.
　　　　　修士（学術）. 専攻は非平衡統計力学.
2007 年　高等学校教諭専修免許状取得.
現 在　栄東高等学校教員.
　　　　　文部科学省検定済教科書「物理基礎」「高校物理基礎」（実教
　　　　　出版, 平成 24 年度発行) 編修委員.
著書：「講義がわかる 力学」（裳華房）
　　　　「大学生のための 力学入門」（共著, 裳華房）
　　　　「マクスウェル方程式から始める 電磁気学」（共著, 裳華房）

マクスウェル方程式で学ぶ　電磁気学入門

2022 年 11 月 10 日　第 1 版 1 刷発行

検 印
省 略

定価はカバーに表
示してあります.

著作者　竹 川　　敦
発行者　　　吉 野 和 浩
発行所　東京都千代田区四番町 8-1
　　　　　電 話　03-3262-9166 (代)
　　　　　郵便番号　102-0081
　　　　　株式会社　裳 華 房
印刷所　中 央 印 刷 株 式 会 社
製本所　株式会社　松 岳 社

ISBN 978-4-7853-2276-2

マクスウェル方程式から始める 電磁気学

小宮山 進・竹川 敦 共著　Ａ５判／288頁／定価 2970円（税込）

　基本法則であるマクスウェル方程式をまず最初に丁寧に解説し，基本法則から全ての電磁気現象を演繹的に解説することで，電磁気学を体系的に理解できるようにした．クーロンの法則から始める従来のやり方とは異なる初学者向けの全く新しい教科書・参考書であり，首尾一貫した見通しの良い論理の流れが全編を貫く．理工学系の応用・実践のために充全な基礎を与え，初学者だけでなく，電磁気学を学び直す社会人にも適する．

【主要目次】1. 電磁気学の法則　2. マクスウェル方程式（積分形）　3. ベクトル場とスカラー場の微分と積分　4. マクスウェル方程式（微分形）　5. 静電気　6. 電場と静電ポテンシャルの具体例　7. 静電エネルギー　8. 誘電体　9. 静磁気　10. 磁性体　11. 物質中の電磁気学　12. 変動する電磁場　13. 電磁波

大学生のための 力学入門

小宮山 進・竹川 敦 共著　Ａ５判／220頁／定価 2420円（税込）

　本書は，これまで大学の初年級の理工系学生に対し，ほぼ30年間にわたって行なってきたニュートン力学の講義を基にして，高校生の物理教育に携わっている共著者とともに執筆したものである．

　講義では，既に完成された体系を初学者に解説するという形ではなく，学生自身が授業の中で力学上の問題に直面し，自分で考え，自ら法則を発見するように導くことを目指してきた．また，基本法則から導かれる中間的な法則が数多く存在し，その法則同士の関連も極めて重要である．そのため本書では，法則の導出方法も丁寧に示すことで，より基本的な法則との関連をはっきり示すように心掛けた．

　物理学の基礎である力学の学習を通して，物理学の面白さ・魅力を感じてもらえれば幸いである．

【主要目次】1. 力学の法則　2. 極座標による運動の記述　3. いろいろな運動　4. 強制振動と線形微分方程式の一般的な解法　5. 加速度系　6. エネルギーの保存　7. 質点系　8. 剛体の力学

講義がわかる 力学 ーやさしく・ていねいに・体系的にー

竹川 敦 著　Ｂ５判／184頁／定価2420円（税込）

　予備知識がなくても読めるように，基本事項を１つずつ丁寧に解説した初歩的な力学の教科書・参考書となっている．そして，本書で学ぶことで力学の考え方が身につき，「力学の授業がわかるようになった！」「力学の教科書が読めるようになった！」となってもらえることを目指してデザインされている．

　また本書では，なるべく１つの物体（質点）の運動に話をしぼり込んでいる．それによって，運動方程式から各保存則がすべて導けるという力学の基本法則からなる体系性を，できる限りきめ細かく，丁寧に，わかりやすく解説した．本書の先に広がる発展的な内容（通常の大学での力学）を自分で理解するための足場を固めることができるものとなっている．

　なお，力学を本格的に学ぶためには，微分や線積分を用いた表現や式など，高度な数学まで踏み込んで理解する必要がある．本書では，そうした数学も含めて，できる限りわかりやすく解説した．

【主要目次】第I部　運動と力　1. 速度と加速度　2. 物体が受ける力　3. 運動方程式の立式　4. 運動方程式を解く（1）　5. 運動方程式を解く（2）　6. 運動方程式を解く（3）　第II部　保存量　7. 運動量　8. 運動エネルギー　9. 力学的エネルギー　10. 角運動量